東京自由が丘 Mont St. Clair の甜點典藏食譜

職人窮其一生專研的
便是賴以維生的技能
Oui, c'est la vie.

目 錄

基礎配料

口感輕盈的祕密

麵團 & 奶油餡的美味關係

每個步驟蘊含的意義

column

甜點的原創性

甜點製作助手　橫田康子（スーパースイーツ）

法語監修　福永淑子

攝影　大山裕平

編輯　浅井裕子

設計　田島弘行

麵粉基本上都是過篩後再使用。

巧克力使用烘焙用調溫巧克力。

烤箱由於每個廠牌或機器狀況有所差異，烘烤所需的溫度和時間會有所不同，食譜數值僅供參考。請於製作前進行預熱。

本書中的份量控制在製作該甜點時所需的最小單位。因此在本書中雖然使用桌上型攪拌機，替換成大型攪拌機時需仔細觀察麵糊狀態等細節加以調整。

配方中有些材料會記載製造商或品牌，可作購買依據，並了解實際風味。製作時依喜好更改廠牌也無妨。

基礎配料

專業卡式達醬
crème pâtissière

易製作的份量

牛奶 lait 1000ml
香草 gousse de vanille 0.5 根
精緻白砂糖 sucre semoule 180g
蛋黃 jaunes d'œufs 190g
低筋麵粉 farine 40g
卡式達粉 poudre à crème 50g
奶油 beurre 80g

　　甜點店的基礎餡料——專業卡式達醬，濃縮了蛋香風味和香草芬芳。為製作出滑順的口感，徹底炒熟麵粉是製作的關鍵。在加熱過程中，質地會變得越來越輕盈並出現光澤感。可加入麵粉或卡式達粉支撐起奶油餡，維持輕柔的空氣感。若混合鮮奶油或抹茶等其他副食材，依然可保持滑順質地。專業卡式達醬建議使用不易燒焦的圓形銅鍋熬煮。開始熬煮時，於牛奶中加入少量的精緻細砂糖，可防止乳脂肪沾黏鍋底。牛奶會吸收香草的香味，沸騰時覆蓋保鮮膜可以防止香氣隨水蒸氣散失。香味雖然看不見，但對奶油醬而言是不可或缺的，因此請細心處理。

1 在牛奶中放入一撮精緻細砂糖，並將大溪地香草籽從豆莢中取出加入後煮沸。

2 沸騰後熄火，並蓋上保鮮膜提煉出香氣。

3 當保鮮膜落下，水蒸氣下沉時即可打開。

4 打散蛋黃並加入精緻細砂糖摩擦攪拌，再加入低筋麵粉和卡式達粉混合。

5 將一半沸騰的牛奶倒入4中融合，再倒回牛奶鍋中。

6 再次加熱。一開始會呈現質地較稀的液體狀態。

7 從厚重的質感鬆弛成為稍微透明的狀態。在粉料完全炒熟前不可以停下來。

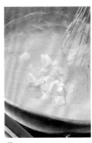

8 再稍微加熱，若出現光澤即熄火，並加入切塊奶油以餘溫拌合。

9 以篩網過篩，在底部一邊浸泡冰水，一邊攪拌，迅速降溫至細菌無法繁殖的溫度。

香緹鮮奶油／無糖鮮奶油霜
crème chantilly/crème fouettée sans sucre

鮮奶油（乳脂含量 47%）
　crème fraîche　47% MG　　35g
鮮奶油（乳脂含量 35%）
　crème fraîche　35% MG　　35g
混合性鮮奶油　crème compound　30g
精緻細砂糖　sucre semoule　8g
＊無糖鮮奶油霜是鮮奶油不加入砂糖直接打發。

香緹鮮奶油混合了三種鮮奶油。鮮奶油越打發會越緊密細緻，但若形成油水分離的狀態則無法復原。受到冰箱中的乾燥環境或照明下的強光光害等因素影響，也可能導致劣化。為了要維持剛製作好的品質，以一定比例加入混合性鮮奶油，保持水嫩滑順的化口感。為了不影響天然鮮奶油的香氣，請選擇優質的混合性鮮奶油（森永乳業的HI-WHIP DELUXE或高梨乳業的GÂTEAU Manten）。

無糖打發的無糖鮮奶油霜通常使用乳脂含量35%鮮奶油。無論是香緹或無糖鮮奶油霜在製作巧克力慕斯時，打成六分發，使用果泥的水果慕斯則是八分發，請依照配方和用途打發成不同硬度。

五分發
以攪拌器寫「の」字時會立刻消失的狀態。

六分發
以攪拌器寫「の」字時會慢慢消失的狀態。

七分發
提起攪拌器鮮奶油會附著在上面，並緩慢落下的狀態。

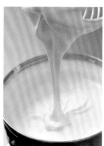

義大利奶油霜
crème au beurre italienne

義大利蛋白霜（右頁全部的量）
　meringue italienne
奶油（常溫）beurre　560g

奶油作成的奶油霜或許給人很厚重的印象，但我認為這是因為配方比例所導致。製作奶油霜時不減糖、減奶油，依循配方製作是維持口感的不二法門。

1 待義大利蛋白霜降溫至38℃至39℃時，即可加入奶油。溫度高於40℃奶油就會融化。

2 事先讓奶油軟化至手指可壓入的程度。

3 一點一點地加入奶油，並以中速攪打。將附著於調理盆周圍的奶油刮落後，混合至滑順。

4 混合至蓬鬆且無結塊。完成時的溫度在20℃至23℃。

義大利蛋白霜
meringue italienne

義大利蛋白霜 meringue italienne
蛋白（常溫）blancs d'œufs　112g
糖漿
　精緻白砂糖 sucre semoule　225g
　水 eau　75g

　　基礎義大利蛋白霜僅用蛋白和糖漿製作。在本書中還介紹了加入乾燥蛋白、伊那寒天（提煉自寒天的凝固劑）及以海藻糖取代糖漿的砂糖等方式，可依喜歡的甜點口感或需求用途來選擇不同配方。但無論是何種都是以蛋白比砂糖為1：2的比例及砂糖量1／3的水，比例不會改變。若因為義大利蛋白霜很甜而減糖，不但會產生蛋腥味且打發性也不佳。

1　將水和精緻細砂糖放入鍋中加熱，作成糖漿。

2　砂糖開始溶解，漸漸產生白色泡沫。

3　將放置於常溫中的蛋白以中速打發。

4　蛋白逐漸打發產生白色泡沫，同時配合糖漿熬煮的狀態與時機。

5　加熱到糖漿冒出大泡泡，溫度上升至119℃。

6　一邊將糖漿以細線狀倒入打發的4，一邊攪打。

7　高速打發。同時因糖漿的熱度讓水分蒸散，打發成雪白蓬鬆的蛋白霜。

8　打發過程中，為了避免調理盆上下打發不均，因此抬起底部打發。

9　當降至肌膚溫度且產生光澤，就成為結實的蛋白霜。

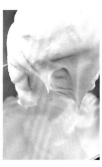

【失敗因素】
　若將精緻細砂糖減量至1/2，會產生粗大的氣泡，且無法維持形狀。

口感輕盈的祕密

輕盈的口感對於現代甜點而言是非常重要的。

不只是以一個點心滿足對方,而是要作出讓人還想一嚐再嚐的甜點,

輕盈的口感就是最重要的訣竅。

Mont St. Clair 的甜點能長年受到喜愛的理由就在於擁有輕盈的口感。

就算是厚重的精緻甜點也充滿了水嫩感。

以下就來揭開以細心調整食材和努力研究修正配方所造就出的

輕盈甜點祕訣吧!

歌劇院

Opéra

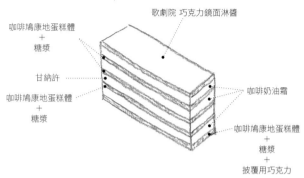

歌劇院 巧克力鏡面淋醬

咖啡鳩康地蛋糕體
＋
糖漿

甘納許

咖啡鳩康地蛋糕體
＋
糖漿

咖啡奶油霜

咖啡鳩康地蛋糕體
＋
糖漿
＋
披覆用巧克力

讓人想慢慢品嚐的甜點。
隨著每次咀嚼，濃縮咖啡香氣在口中蔓延開來。

Caférine

（Mocha strong NO 9）

將咖啡豆粉碎加工製成微細粒子的食材。因為是咖啡原豆，無需像即溶咖啡一樣加水溶解。想要替需精準控制水量的蛋糕體增添咖啡風味時可使用。混合容易，微細粒子能讓風味柔和的在口中擴散。

披覆用巧克力

披覆用巧克力是使用於淋面的進口生巧克力。傳統歌劇院的表面塗層就是使用裝飾用巧克力。雖然不需要調溫且操作性高，但比起調溫巧克力，化口性不佳，因此在本配方中只塗在蛋糕體底部。

歌劇院是DALLOYAU所創造的法國最具代表性甜點之一，是由咖啡味和巧克力所組合而成的一道甜品。傳統的歌劇院以披覆用巧克力淋面搭配上奶油霜和隨著咀嚼恣意擴散的咖啡糖漿，這種概念十分有趣。是一款在慢慢品嚐的同時，隨著時間享受餘韻的點心。若糖漿太少會有損美味，但也無需過量。所以依照配方刷塗上適當的份量是製作的關鍵。

因對經典配方抱持著敬意，所以改善對於現代人而言過於厚重的油膩感和披覆用巧克力的口感為目標，而終於研究出目前所使用的完美配方。

咖啡的風味是平衡油脂不可或缺的要素。雖然一般使用即溶咖啡製作奶油霜，但這樣的香味較為單調。在此將奶油霜加入杏仁帕林內醬，並於鳩康地蛋糕體中加入Caférine，以呈現多層次的香氣。不在蛋糕體中加入融化奶油，是因想要製作出保有存在感且餘味不會太過明顯的蛋糕體。食用時蛋糕體在口中，而巧克力鏡面淋醬則碰觸到敏銳的舌尖，所以想盡量製作出柔滑的口感。在此將一半的巧克力鏡面淋醬以調溫巧克力取代，再依轉化糖和鏡面果膠的效果製作出稍微柔軟且豔澤的巧克力鏡面淋醬，而完成了這一道每一口都保有熱情的歌劇院蛋糕。

咖啡鳩康地蛋糕 400mm X 600mm 烤盤 2 盤份

biscuit joconde café

在烤盤上塗抹薄薄的奶油並鋪上烘焙用烘焙紙。
杏仁粉非常容易氧化。若非在店頭現磨，請使用磨得較細且新鮮的產品。

全蛋 œufs entiers　390g
杏仁粉 poudre d'amande　240g
糖粉 sucre glace　140g
Caférine（Mocha strong NO 9）　14g
低筋麵粉 farine　65g
蛋白霜 meringue
　蛋白 blancs d'œufs　202g
　精緻細砂糖 sucre semoule　100g

1　將全蛋打散，分2次加入杏仁粉和糖粉，以攪拌機高速攪拌。
2　製作蛋白霜。在蛋白中加入少量砂糖並開始打發，若一開始就加入大量砂糖蛋白霜會無法膨脹得很漂亮，請在打發過程中降至中速，並加入砂糖讓氣泡結實。完成後將1/2的蛋白霜加入1。
3　低筋麵粉和Caférine混合後加入。
　＊若只有低筋麵粉，加入1/3的蛋白霜即可，但加入可可粉或Caférine時，會因容易吸收水分而凝結，加入多一點蛋白霜較容易混合。
4　加入剩餘1/2的蛋白霜，從底部撈起攪拌。
5　將麵糊倒入烤盤並抹平，放入烤箱，以190℃烘烤8至9分鐘。
6　出爐後連同烘焙紙一起從烤盤內移至網架上散熱。

●加入蛋白霜後，需立即混合。蛋白霜容易消泡，無法長時間維持最佳狀態。麵糊包覆了氣泡烘烤，當水分蒸散時會在蛋糕體產生縱向的氣孔，製作出乾爽的成品。若蛋白霜打得不夠好，出爐的蛋糕體也會因為水分流失而變得濕黏。

●由於咖啡鳩康地蛋糕並非加入融化奶油製作，因此不帶有奶香，烤出的成品相當清爽。因為完成後需疊上三層咖啡奶霜，使整體的味道平衡。當蛋糕厚度不均時，糖漿的量也會隨之不均勻，請盡量將蛋糕烘烤均勻。

  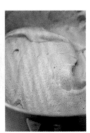

吸收大量糖漿的歌劇院蛋糕。

鳩康地蛋糕的蛋白霜&酒糖液糖

以慢慢添加砂糖的蛋白霜製作鳩康地蛋糕

一開始加入少量砂糖攪拌，待體積膨脹後，再將剩餘砂糖分次加入，即可完成蓬鬆且份量感十足的蛋白霜。混合後的麵糊也十分具有彈性，攤平在烤盤上可以看見一顆顆的氣泡。完成的蛋糕體表面也會留下無數氣泡，糖漿才能順利被吸收。

一口氣加入全部砂糖的蛋白霜所製作的鳩康地蛋糕

一開始就加入所有砂糖，蛋白霜較綿密且具有流動性，空氣含量也相對較低。混合麵糊後，會產生光澤正是因為空氣含量低。烤出來的蛋糕體很難吸收糖漿，糖漿會積在表面，烘焙紙也難以剝除。

　　鳩康地蛋糕以分蛋打發的方式製作，糖漿會滲入蛋糕體的氣泡之中。在咀嚼歌劇院蛋糕的同時會湧出大量糖漿，同時也能享受鳩康地蛋糕的口感。在打發蛋白時，不一口氣加入所有砂糖，請先加入少量砂糖使其膨脹後，再將剩餘砂糖一點一點慢慢加入，確實打出富含空氣的蛋白霜，完成帶有許多氣泡的輕盈鳩康地蛋糕體。

　　上圖的蛋糕體是以前頁所載的方式製作的鳩康地蛋糕。下方的蛋糕體則是改變蛋白霜的作法所製作而成。可明顯看出下方蛋糕體的孔洞過於緊密且縱向的氣泡較少。

　　下方的蛋糕體在打發蛋白時，一口氣加入所有砂糖，使完成的蛋白霜體積較小。砂糖沉積在底部，為了打散砂糖還多了一道提起調理盆攪拌的步驟。打發蛋白雖然需要多花時間，但若打發過久也會變得乾硬。用來製作歌劇院的鳩康地蛋糕，特別重視糖漿的吸收，因此拌入適當狀態的蛋白霜對於蛋糕的口感和味覺的平衡相當重要。

糖漿　　300mm X 400mm的鳩康地蛋糕1片使用約100g

sirop

濃縮咖啡　espresso　265ml
精緻細砂糖　sucre semoule　120ml
蘭姆酒　rhum　12ml
白蘭地　brandy V.S.O.P　30ml

在熱濃縮咖啡中溶解精緻細砂糖，並加入Old Jamaica蘭姆酒和白蘭地混合。

● 帶有新鮮濃縮咖啡香氣的酒糖液糖漿。以加入蘭姆酒和白蘭地的方式變化出宛如愛爾蘭咖啡般複雜的香氣。甜度較低。

甘納許 300mm X 400mm 鳩康地蛋糕 1 片份

ganache

牛奶 lait 48ml
鮮奶油（乳脂含量 35%）
　crème fraîche 35% MG 45ml
黑巧克力（法芙娜 厄瓜多黑巧克力）
　couverture noire
　（Valrhona:Equatoriale noire 55%） 160g
奶油 beurre 50g

1 將牛奶和鮮奶油混合後煮沸，再加入黑巧克
　力溶解。
2 調理盆底部浸泡冰水冷卻，降溫至39℃時
　加入奶油，充分攪拌至乳化。

●法芙娜公司所生產的
厄瓜多黑巧克力是可可
含量55%的黑巧克力。
為了使苦味明顯，在鮮
奶油中加入牛奶降低脂
肪比例，製作出味道鮮
明的甘納許醬。

咖啡奶油霜 在第一層鳩康地蛋糕上塗抹 350g，剩餘的以每層各 275g 分 2 次使用

crème au beurre café

蛋白 blancs d'œufs 98g
精緻細砂糖 sucre semoule 195g
水 eau 65g
奶油 beurre 490g
即溶咖啡 café soluble 43g
杏仁帕林內醬 pralinè amande 110g

1 一邊在蛋白中加入熬煮至121℃的糖漿，一
　邊打發，製作出義大利蛋白霜。
2 將回復至室溫的奶油一點一點地加入義大利
　蛋白霜中。蛋白霜的溫度約為38℃。若溫
　度過低會難以混合；太高奶油則會融化成液
　狀。
3 加入奶油攪拌，並將周圍確實刮乾淨後再進
　行攪拌。奶油霜就完成了。
4 以熱水泡開即溶咖啡，作成較濃稠的糊狀。
　若水分過多時，會讓奶油霜分離，因此要小
　心不要加入過多水分。
5 調成和帕林內相同濃度後，再與帕林內混
　合。
6 將5加入少量奶油霜混合。
7 將6拌勻後，加入剩餘的奶油霜。
8 從底部以刮刀大動作刮拌並小心消泡，混合
　均勻。
9 完成了蓬鬆輕柔的咖啡奶油霜。

●奶油霜的比例為義大
利蛋白霜比奶油1：2。在
此以帕林內取代一部分
的奶油。

●以即溶咖啡增添咖啡
的香氣與苦味。加入杏
仁帕林內醬提升味道的
濃郁感。

montage

1　在咖啡鳩康地蛋糕底部塗上披覆用巧克力

將降溫的蛋糕體烤面朝下，並剝除烘焙紙，於表面塗抹上一層溫熱的披覆用巧克力。塗好一片後，即放入冰箱冷藏凝固。僅在底部使用凝固的披覆用巧克力，製造出口感的對比。

2　刷上糖漿，塗抹咖啡奶油霜

待1蛋糕底部的披覆用巧克力凝固後即可翻面，使烤面朝上，再整面塗刷100g糖漿，並抹上350g咖啡奶油霜。

3　堆疊蛋糕

重疊上另一片烤面朝下的蛋糕體後，剝除烘焙紙。上方壓上烤盤，使奶油霜與蛋糕體密合。

4　刷上糖漿，塗抹甘納許

在3刷上糖漿，再從上方抹開甘納許。

5　刷上糖漿，塗抹咖啡奶油霜

在4上方疊上另一片蛋糕，剝除烘焙紙。刷上糖漿後，塗抹上咖啡奶油霜，並重疊一片蛋糕，再次刷上糖漿且塗抹咖啡奶油霜，抹平表面後冷藏。

歌劇院巧克力鏡面淋醬
glaçage "opéra"

牛奶 lait 140g
鮮奶油 35% créme fraîche 35% MG 70g
海樂糖（水飴）glucose 40g
Absolu Cristal（鏡面果膠）25g
黑巧克力（法芙娜厄瓜多黑巧克力）couverture noire
　（Valrohna:Equatriale noire 55%） 105g
披覆用黑巧克力 pâte à glacer noire 105g
轉化糖 trimoline 30g

1 將牛奶、鮮奶油、轉化糖和Absolu Cristal
　混合後煮沸。
2 在隔水加熱融化的調溫巧克力、海樂糖、披
　覆用黑巧克力中，加入煮沸的1溶解混合。
　混拌時小心不要拌入空氣，平緩地混合。
3 將調理盆底部浸泡冰水，慢慢降溫。
4 這是降溫至16℃的狀態。成為擁有光澤的
　滑順鏡面淋醬。

1
2
3
4

●若只使用海樂糖
會太稀，因此加入延
展性強的轉化糖。食
用時的口感會滑順
的延伸開來。

●由於披覆用黑巧
克力所含的是植物
油脂，比例過高時會
影響化口性，因此用
量控制在一半以下。

澆淋巧克力鏡面淋醬
glaçage

1 在冷藏凝固的蛋糕體上澆淋巧克力鏡面淋
　醬，並快速抹開。

　　●由於加入了Absolu Cristal，遇
　　到低溫黏度就會變強，因此以
　　抹刀輕撫延展地塗抹。並善用表
　　面張力，使其均勻擴散。

1
2
3

分切　切片尺寸：8.4cm X 2.3cm
découpage

1 以熱水溫熱刀子後，擦乾水分。為了不讓
　巧克力鏡面淋醬流至下層，請迅速下刀分
　切。

1
2

席布斯特
Chiboust

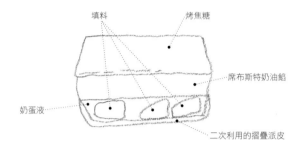

填料　烤焦糖

奶蛋液

席布斯特奶油餡

二次利用的摺疊派皮

啪地一聲裂開的焦糖、滑順的奶油餡、
濃郁的奶蛋液、濕潤微苦的蘋果……
組合成一道讓味覺完美平衡的甜點。

布斯特的美味正源自於表面脆口的焦糖。但焦糖因為時間推移而受潮，慢慢融進奶油餡中，因此Mont St. Clair的出爐時間分為早上和中午兩次，並製作當日可售完的數量。這是因為焦糖必須小心翼翼維持良好狀態，才能保有美味的口感。希望客人能夠立刻在店裡享用，就是這般如此重視新鮮度的甜點。當初在自由之丘開店時，一開始被媒體所注意到的正是席布斯特，也因此傳遞了甜點新鮮度的重要性。

基底是使用二次利用的反摺派皮。在製作千層派時，所產生的多餘派皮，雖然氣孔已經塞住了，但仍存有輕盈感。再次摺入製作成基底，會留下比酥油塔皮更酥脆柔軟的口感。但麵皮上只要有一個開口，奶蛋液就會流出，而前功盡棄，因此必須仔細檢查派皮是否完整。

緊貼在焦糖下方的是柔滑的席布斯特奶油醬。蛋白霜氣泡的輕盈感和專業卡式達醬的蛋香，兩者間的契合造就了經典奶油餡。義大利蛋白霜在製作過程中，會因水分蒸散而變得乾爽，若其中砂糖量添加太少，則會變得黏膩，反而給人過於甜膩的感覺，因此不建議減糖製作。遵守1：2的糖分比例製作是非常重要的。兩者結合時的溫度也一大關鍵，過低就容易分離，會使糖分潮濕。將古典味道傳遞給現代的席布斯特，每一個流程都含有重大意義，是一道深奧甜點。

焦糖烙鐵

為了使慕斯、奶油餡或蛋糕體等素材表面焦糖化，需使用焦糖烙鐵。以噴火槍炙燒，只能形成局部焦糖化，相當耗時，且連焦糖底下的食材也會受到熱度影響，因此不建議使用。焦糖烙鐵的熱源有幾種，有直火或100V的插電式，若要完成美麗的焦糖，建議使用200V插電式較容易製作。

麵團的準備 80mm X 370mm X 高 40mm 的烤模　1 條份

二次利用的摺疊派皮　3mm
增色蛋液（全蛋）　適量

1　將回收利用的折疊派皮鋪入烤模中，與烤模
　同高。確實塞入角落，並小心不要留下開
　口。鋪上烘焙紙放入重石，放入烤箱，以
　150℃盲烤50分鐘，降溫後連同烤模角落
　將蛋液仔細塗滿。
2　再以100℃烘烤5分鐘後，取出降溫。蛋液
　乾燥後會形成薄膜。

●為了防止奶蛋液使派皮
受潮，將蛋液連同角落仔
細塗滿，以維持派皮口
感。

●若有產生孔洞一定要
以麵團補起，在表面塗上
蛋液後進行盲烤。

奶蛋液 80mm X 370mm X 高 40mm 的烤模　1 條份使用 260g

appareil

全蛋　œufs entiers　70g
精緻細砂糖　sucre semoule　38g
雙倍鮮奶油　crème double　100g
酸奶油　crème aigre　50g
卡巴度斯蘋果白蘭地　calvados　10g

1　將酸奶油和雙倍鮮奶油混合。
2　在1中加入打散的全蛋，攪拌均勻。
3　加入精緻細砂糖，充分摩擦混合至無砂糖顆
　粒殘留。
4　加入卡巴度斯。
5　奶蛋液即完成。

1

2

3　　4

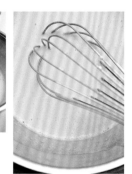

5

●餘味會帶有酸奶油的
酸味、雙倍鮮奶油的濃郁
和卡巴度斯的清爽。烘烤
後的口感沉穩且豐厚。乳
脂含量高，相當濃郁。

填料

80mm X 370mm X 高 40mm 的烤模　1 條份

garniture

將分成4份的蘋果再各切成3等分的半月形。

蘋果（紅玉）pomme　2 個
精緻細砂糖 sucre semoule　80g
卡巴度斯蘋果白蘭地 calvados　13ml
奶油 beurre　26g
大溪地產香草莢 gousse de vanille　1/2 根

1　將精緻細砂糖和香草莢放入鍋中加熱。

2　精緻細砂糖逐漸變為淡金黃色。

3　等溫度上升至170℃左右時，會快速的冒泡。整體冒泡時是製作關鍵，需密切注意。

4　變成金黃色且整體冒泡後，就會停止焦糖化。參考溫度為183℃。

5　加入奶油。

6　迅速充分混合，藉由加入奶油降低溫度以停止焦糖化。

7　奶油溶解後加入蘋果，使蘋果整體充分沾覆。

8　蘋果出汁變得稍微柔軟，且再度開始吸收汁液時，即代表煮熟。

9　加入卡巴度斯增添香氣。

10　以濾網瀝去汁液。趁熱開始進行組合①。

1

2

3

4

5

6

● 蘋果建議使用爽脆緊實且具有酸味的紅玉。檸檬或檸檬酸無法取代蘋果本身的酸甜味。

● 香草莢請使用大溪地產的產品。大溪地的香草不會進行催熟，而是在樹上自然熟成。香氣甜美強勁。剩餘的豆莢可用來製作香草糖。

7

8

9

10

組合①

montage①

1 在降溫的派皮上毫無空隙地鋪滿蘋果填料。

2 倒入奶蛋液。

3 放入烤箱，以140℃烘烤20至25分鐘。以竹籤插入未附著任何麵糊或觸摸時的彈性來判斷是否已經烤熟。放置冷卻至完全降溫。

4 冷卻後，配合奶蛋液的高度修整派皮。

1

2

3

4

●若在此階段，奶蛋液從底部滲出就是製作失敗。需確認底部無空隙且完全乾燥。

順暢地捲入空氣進行焦糖化。

席布斯特奶油餡 ※非素

crème Chiboust

專業卡式達醬 crème pâtissière 110g
義大利蛋白霜（P.9）meringue italienne 125g
吉利丁 feuilles de gélatine 2.1g
卡巴度斯蘋果白蘭地 calvados 6m

1 製作義大利蛋白霜。將水和精緻細砂糖放入鍋中加熱，製成121℃的糖漿。打發蛋白後，再慢慢加入糖漿的同時以高速攪拌。充分打發完成後，即降速至中速繼續攪打，使蛋白霜細緻扎實。

2 將專業卡式達醬煮沸殺菌。 加入以水泡發的吉利丁混合後，移至調理盆內。

3 加入卡巴度斯混合均勻。

4 待3降至45℃時，與義式蛋白霜（32℃）進行混合。

5 一邊避免消泡，一邊立起刮刀充分混合均勻。

6 蓬鬆輕柔的席布斯特奶油餡完成。

1

2 3

4
5

●製作義大利蛋白霜最重要是製作的時機。當糖漿超過100℃時，才開始攪打回復至室溫的蛋白。到達120℃時，利用餘溫加熱，再慢慢地倒入糖漿。

●將專業卡式達醬和蛋白霜在溫熱狀態下混合是製作的關鍵。藉由氣泡的結合可製作出柔滑的奶油餡。當溫度過低時，一段時間便會出水。焦糖也會因此受潮。

組合② 填入尺寸：80mm X 370mm X 高 40mm 的烤模 1 條份

montage②

1 在填入的奶蛋液上倒入席布斯特奶油餡。

2 抹平表面，冷卻凝固。

1
2

炙燒焦糖進行收尾

caramélisage

精緻細砂糖 sucre semoule　撒 3 次
糖粉 sucre glace　撒 1 次

1 為了確認焦糖烙鐵是否達到適合的
　溫度，請撒上少許精緻細砂糖後，
　觀察是否燃燒來確認。若溫度太低
　時，只會出現冒煙狀態。
2 以湯匙將砂糖毫無間隙地撒在填好
　餡料的蛋糕上。
3 讓焦糖烙鐵輕輕懸空、捲入空氣，
　產生火焰。在蛋糕體上方稍微懸空
　並左右移動，使精緻細砂糖焦糖
　化。
4 第一次顏色稍淺也無妨。
5 再次撒上精緻細砂糖並進行炙燒。
6 最後再撒上一層糖粉。糖粉粒子較
　細緻，無需炙燒多次只需輕輕動作
　即可產生漂亮的光澤。但糖粉製焦
　糖無法產生厚度，僅用於最後修
　飾。
7 完成。

●若將焦糖烙鐵緊
貼於蛋糕體上，會
壓破奶油餡的氣
泡，且無法順利使
空氣流入，不易燃
燒。請懸空作業，
以便產生火焰，即
可順利製作焦糖。

分切　切片尺寸：寬 3.0cm

découpage

1 以加熱過的菜刀在烤模與焦糖間
　切出刀痕。趁焦糖完全凝固前，
　使與邊框分離，即可漂亮脫模。
　若焦糖已凝固，則會與邊框沾黏
　拉扯，產生裂縫。
2 以加熱過的鋼刀在每一尺寸的焦
　糖層切出刀痕。再以刀子分切。

●不製作成圓形是因為切割焦糖有些
難度。若製作成較小的圓形，一旦分
切邊緣就容易剝落，無法產生厚度。

巧克力蜂蜜切片蛋糕

Tranche chocolat miel

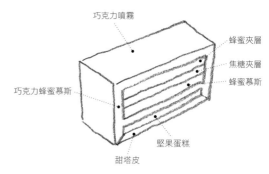

巧克力噴霧

蜂蜜夾層

焦糖夾層

蜂蜜慕斯

巧克力蜂蜜慕斯

堅果蛋糕

甜塔皮

不追求過多的裝飾，
以巧克力的霧面光影&三層慕斯
交織出線條的極簡美學。

不同色澤的三層慕斯所堆疊而成直線條紋，帶給人都會的印象。在巧克力慕斯表面噴塗的霧面巧克力，呈現了不假修飾的自然風貌。朦朧的霧面光影，甚至令人覺得無論什麼裝飾都顯得多餘。

對我而言，這款極簡風格的巧克力蜂蜜切片蛋糕，可說是集合了所有對蛋糕裝飾想法。正好比海的浪潮或沙漠之風的流動等自然景象，擁有了人工所無法創造的美感。巧克力噴霧如絲絨般披覆，可不也是自然和諧之美，無需作任何修飾，便渾然天成。

蜂蜜miel是大自然的恩典。是一種比砂糖更早被人類使用天然甜味料。從花蜜採集而成蜂蜜，味道自然會因為產地或時節而有所不同，這就是蜂蜜最有價值之處。而這款甜點正是向如此偉大的蜂蜜致敬的一道作品。

只要嚐一口巧克力蜂蜜切片蛋糕，華麗的蜂蜜和微苦的焦糖香便會在味蕾交織舞動。每一層都稍微改變質地，雖然同樣是蜂蜜，但可以享受不同口感的樂趣。蜂蜜和巧克力慕斯的口感輕柔，化口性佳。比鄰的兩種夾層是由凝聚鮮奶油味道的濃縮鮮奶油和專業卡式達醬，以等比例混合而成，呈現出擁有著香草和蛋香的濃郁滋味。

濃縮奶油
在英國被用來搭配司康而聞名。是一款介於奶油和鮮奶油之間，以生乳凝固的高脂奶油醬。奶香濃郁且化口性良好，且乳脂含量高，能用來取代吉利丁等凝結劑讓慕斯定型。

巧克力噴霧裝飾
將黑巧克力和可可脂以2：1的比例溶解，以噴槍進行噴霧。想要完成漂亮的巧克力噴霧，蛋糕體必須先徹底冷卻定型。從冷凍庫取出後，在解凍之前立即作業。巧克力噴霧會在冰涼的蛋糕體表面結成細微的球狀，產生宛如絲絨般的效果。

堅果蛋糕 400mm X 600mm 烤盤 1 盤份

biscuit aux noix

蛋白 blancs d'œufs 300g
烤過的核桃 noix grillée 180g
杏仁粉 poudre d'amande 80g
精緻細砂糖 sucre semoule 144g
蜂蜜 miel 50g
＊透明狀的蓮花蜜

1 將核桃仔細切碎。
2 在蛋白中加入一撮精緻細砂糖後開始打發。打發後加入剩餘的精緻細砂糖製作蛋白霜。
3 加入杏仁粉和碎核桃後混合。
4 倒入加熱的蜂蜜攪拌均勻。
5 將麵糊倒入烤盤中，放入烤箱，以185℃烘烤12分鐘。
6 出爐！由於不含粉類容易塌陷，請小心作業。

1 2

3

4

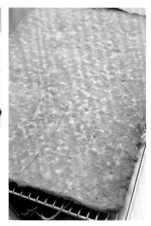

5

●雖然蛋糕體以蛋白霜為基底不含麵粉，但因為加入了蜂蜜，所以不會過於乾燥。

6

在蓬鬆的蛋白霜中增添蜂蜜的香氣。

蜂蜜夾層 145mm X 370mm X 高 40mm 的慕斯圈　1 條份

centre miel

濃縮鮮奶油 Clotted cream　148g
專業卡式達醬（P7）crème pâtissière　148g
無糖鮮奶油霜（乳脂含量 35%）
　　crème fouettée sans sucre 35% MG　68g
蜂蜜 miel　46g
＊乳霜狀的苜蓿蜂蜜

1　2　3

4　5

1　將蜂蜜、濃縮鮮奶油、專業卡式達醬放入調
　　理盆中混合均勻。濃縮鮮奶油單獨攪拌會結
　　塊，請和專業卡式達醬同時放入。
2　開啟攪拌機，以中速攪打。
3　蜂蜜質地較重，容易沉積於底部。取下攪拌
　　棒，從底部向上翻動麵糊，混合至整體質地
　　平均。
4　攪拌成柔滑狀。
5　加入六分發的無糖鮮奶油霜，混合均勻。
6　倒入模中，表面以刮板抹平。
7　放入冷凍庫凝固。

●由於蜂蜜是天然轉化糖，即
　使放入冷凍庫，仍可維持夾層柔
　滑的口感。

6

7

焦糖醬 145mm X 370mm X 高 40mm 的慕斯圈　1 條份

caramel

精緻細砂糖 sucre semoule　170g
鮮奶油 35%
　　crème fraîche 35% MG　170g
牛奶 lait　85g
＊事先將牛奶和鮮奶油混合備用。
奶油 beurre　20g

1　將精緻細砂糖加熱至220℃，呈現深咖啡色
　　且冒煙的狀態。
2　倒入加熱的鮮奶油和牛奶並熄火，此時需小
　　心噴散。以刮刀混合。
3　加入奶油混合溶解。
4　溶解後冷卻。

1　2　3　4

焦糖夾層 145mm X 370mm X 高 40mm 的慕斯圈　1 條份

centre caramel

濃縮鮮奶油 Clotted cream　110g
專業卡式達醬（P.7）crème pâtissière　110g
無糖鮮奶油霜（乳脂含量 35%）
　crème fouettée sans sucre 35% MG　50g
焦糖醬 caramel　77g

1　將焦糖醬、濃縮鮮奶油、專業卡式達醬放入
　　調理盆中攪拌。
2　加入六分發的無糖鮮奶油霜，混合均勻。
3　在已冷凍凝固的蜂蜜夾層上，倒入焦糖夾
　　層，表面以刮板抹平。
4　放入冷凍庫凝固，製作成兩層。

1

2　　3

4

蜂蜜慕斯 145mm X 370mm X 高 40mm 的慕斯圈　1 條份　※非素

mousse au miel

蜂蜜 miel　118g
＊乳霜狀的苜蓿蜂蜜
蛋黃 jaunes d'œufs　123g
牛奶 lait　257g
鮮奶油（乳脂含量 35%）
　crème fraîche 35% MG　257g
吉利丁 gélatine　7.2g

1　將蜂蜜加入蛋黃中混合。
2　在蛋黃液中，倒入煮沸的鮮奶油和牛奶，混
　　合後再倒回鍋中。
3　一邊注意不要燒焦，一邊混合加熱，在
　　78℃時熄火。加入吉利丁攪拌至溶解。由
　　於尚有餘溫，請持續攪拌。
4　吉利丁溶解後，即進行過篩。
5　盆底浸泡冰水，急速降溫。
6　倒入烤模中，放入冷凍凝固。

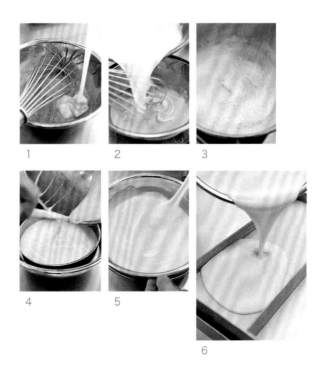

1　　2　　3

4　　5

6

巧克力蜂蜜慕斯　80mm X 370mm X 高 40mm 的慕斯圈　2 條份

mousse au chocolat miel

鮮奶油（乳脂含量 35%）
　crème fraîche 35% MG　86g
蛋黃 jaunes d'œufs　71g
精緻細砂糖 sucre semoule　36g
黑巧克力（法芙娜 純加勒比 可可含量 66%）
　couverture noire（Valrhona:pure caraïbe
　66%）　107g
牛奶巧克力（法芙娜 吉瓦娜牛奶 可可含量 40%）
　couverture noire（Valrhona:Jivara lactée
　40%）　36g
無糖鮮奶油霜（乳脂含量 35%）
　crème fouettée sans sucre 35% MG　270g

1 在鮮奶油中加入一撮精緻細砂糖，並加熱沸
　騰。
2 打散蛋黃，加入剩餘精緻細砂糖混合。將加
　熱的鮮奶油倒入少量蛋黃混合。
3 倒回鍋中，加熱至78℃。先以攪拌器混
　合，待稍微產生濃稠狀後，改以刮刀攪拌。
　由於蛋黃含量高，快速加熱容易燒焦。在呈
　現濃稠狀態前，請緩慢充分加熱。
4 過篩。由於要立即和巧克力混合，因此不冷
　卻。
5 將兩種巧克力一起隔水加熱融化，倒入4中
　混合乳化。
6 準備冰涼狀態的六分發無糖鮮奶油霜。
7 在5中混合少量6的無糖鮮奶油。
8 等到變得容易混合時，加入剩餘的鮮奶油，
　攪拌至均勻滑順。
9 慕斯完成。

1

3　　　　　　　　4

●將步驟5的甘那
許約在40℃時，與
冰涼的無糖鮮奶
油霜進行混合。若
溫度比40℃低，巧
克力會因變硬凝
固而無法操作。相
反的溫度過高則
會消泡。

5

6　　　　　　　　7

8

9

組合

1 疊合甜塔皮和堅果蛋糕

1 將厚3mm、寬8cm的甜塔皮戳洞烘烤。冷卻後塗上加熱杏桃果醬。
2 疊上寬7cm的堅果蛋糕（兩側各內縮5mm）。

1   2

2 倒入巧克力蜂蜜慕斯

1 在烤盤上鋪上OPP塑膠片，放上慕斯圈。在慕斯圈中倒入巧克力蜂蜜慕斯。
2 以刮刀抹開並使中央處凹陷。

1   2

3 放入夾層

1 將冷凍的三層夾層脫模，並切去邊緣調整成7cm寬。
2 將蜂蜜夾層朝下放入慕斯中，輕輕按壓密合。
3 以從夾層兩側擠壓出的慕斯，覆蓋夾層。

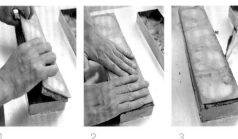

1   2   3

4 疊上底部

1 將蛋糕面朝內側疊上甜塔皮和蛋糕。以上下相反的方式製作。
2 以手按壓，使其密合。
3 以刮刀刮去多餘的慕斯，維持乾淨的狀態進行冷凍。

最後修飾

苦甜巧克力 couverture fondante　200g
可可脂 beurre de cacao　100g

1 將冷凍好的蛋糕體上下反轉並脫去慕斯圈。混合苦甜巧克力與可可脂，以噴槍噴霧。
2 仔細的噴出巧克力霧面後，再放入冷凍。
3 切除不平整的兩端，再分切成每塊2.7cm寬，即完成。

1   2   3

酸起司蛋糕

Fromage cru

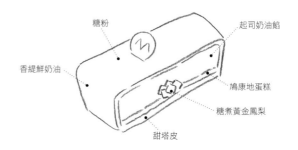

糖粉
起司奶油餡
香緹鮮奶油
鳩康地蛋糕
糖煮黃金鳳梨
甜塔皮

不添加凝固劑，
以奶油起士和鮮奶油的發泡力，
柔軟凝結成如雪花般嬌嫩的生起司蛋糕。

別稱酸起司蛋糕的生起士蛋糕，堪稱蛋糕的經典之最。白色起司奶油餡上覆蓋糖粉，好似粉雪沉積在庭園樹木上，為枯枝戴了一頂又一頂的白帽子，溫暖了冬日清晨。我因腦海中浮現了我最愛的北國景象，而作出了這一道美麗的甜點。

通常會加入吉利丁，凝固起司奶油餡，但是我一直很在意凝固劑的口感。難道作不出可以在舌頭上自然融化的奶油餡嗎？經過多方嘗試，最後終於找到更完美的作法。將奶油起司打入氣泡，和鮮奶油混拌後再繼續打發。比起先打發鮮奶油，再與起司混合的作法比起來更能維持形狀，且可以維持適當的柔軟度。雖然利用了乳脂含量42%鮮奶油的凝固力，但若攪拌過度，就會因乾燥而導致分離，化口性也會變差。因此將部分替換成優質混合性鮮奶油，以維持口感，亦可以防止出水現象。起司需在冰冷的狀態下進行製作，溫度上升會造成奶油餡塌陷。需快速且正確地進行製作。

鳩康地蛋糕體中無添加奶油。由於需承受起司的奶味和糖漬水果的甜味，並作為維持甜塔皮口感的防線，若味道過於濃郁會破壞整體的平衡。外觀看似簡樸，但酸起司蛋糕可品嚐到起司的原始風味、類似鳳梨的果酸味、和麵皮的輕盈口感，交織而成的一道平衡感絕佳甜點。

混合性鮮奶油
混合了乳脂肪和植物性脂肪的鮮奶油。依照產品不同，成分比例也有所不同。在此所使用的是乳脂含量28%、無脂乳固形含量4.0%、植物性脂肪含量18%的產品。用來替換成一定比例的鮮奶油，可防止因時間所產生的老化現象。

鳩康地蛋糕 400mm X 600mm 烤盤 1片份

biscuit joconde

全蛋 œufs entiers　80g
蛋黃　jaunes d'œufs　50g
杏仁 T.P.T.　tant pour tant
　| 糖粉　sucre glace　98g
　| 杏仁粉　poudre d'amande　98g
蛋白霜　meringue
　| 蛋白　blancs d'œufs　177g
　| 精緻細砂糖　sucre semoule　45g
低筋麵粉　farine　77g

1　將全蛋和蛋黃混合打散，加入糖粉和杏仁粉攪拌均勻。
2　攪拌至泛白狀態。
3　在蛋白中加入一撮砂糖，以高速打發蛋白，打至七分發時降為中速，並慢慢加入砂糖。
4　製作細緻輕盈的蛋白霜。
5　在泛白的2中加入1／3的蛋白霜混合。立起刮刀，從底部以撈拌方式混合。
6　加入低筋麵粉並混合均勻。
7　與剩餘的蛋白霜一起混合，使整體質地均一。
8　完成麵糊。
9　倒入烤盤中並抹平表面。
10　將邊緣擦乾淨。若麵糊沾附到邊緣直接烘烤，會使蛋糕體扭曲變形。
11　放入烤箱，以200℃烘烤7分鐘。出爐後便完成了。

1

2

3

4

5

6

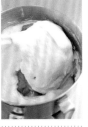

●雖然是鳩康地蛋糕，但無添加融化奶油。因為要鋪上起司奶油餡，蛋糕體則無需奶味。

●將麵糊倒入烤盤之中，為避免消泡，請盡量減少觸碰動作的次數。

7

8

9 ·················· 10

11

糖漬黃金鳳梨

compote d'ananas

製作前一天準備

黃金鳳梨 ananas　0.5 顆

＊切成 7mm 相同大小的切塊

水 eau　83ml

精緻細砂糖 sucre semoule　41g

櫻桃酒 kirsch　1 瓶蓋 1.7ml

1　將水和精緻細砂糖混合煮沸。沸騰後加入切成相同大小的鳳梨塊再次加熱沸騰。

2　熄火後加入櫻桃酒，從鍋中移到調理盆，直接放入冰箱冷藏一晚。

1 ·················· 2

1 鋪上甜塔皮

甜塔皮（P.54）pâte sucrée　3mm 厚
杏桃果醬　confiture d'abricot　適量

將甜塔皮填入慕斯圈，放入烤箱，以160℃烘烤。
當派皮烘烤定型後，即可取出模具。待降溫後，將
杏桃果醬稍微加熱融化後塗抹。

●塗上果醬是為了
讓重疊的蛋糕緊貼，
並避免甜塔皮受潮。

2 裁切鳩康地蛋糕

將鳩康地蛋糕蓋上烤盤並翻面，剝下烘焙紙。切除
邊緣較硬部位。對照寬8cm的模具分切成7cm寬。

3 疊上鳩康地蛋糕

鳩康地蛋糕的烤面朝上，疊在塗抹杏桃果醬的甜
塔皮上，並裝入慕斯圈。

4 排上糖漬水果

香緹鮮奶油　crème chantilly

將糖漬黃金鳳梨靜置一晚，並去除水氣。在3的中
心線塗上一層薄薄的香緹鮮奶油（固定糖漬水果
用）。將一條蛋糕約200g的糖漬水果沿著香緹鮮
奶油線條排列。

起司奶油餡　80mm X 370mm X 高 40mm 的慕斯圈　1 條份

crème au fromage

奶油起司（費城奶油起司）
　　fromage blanc ramolli　270g
酸奶油 crème aigre　43g
精緻細砂糖 sucre semoule　46g
櫻桃酒）kirsch　7ml
混合性鮮奶油（森永乳業 HI-WHIP DELUXE）
　　crème compound　213g
鮮奶油（乳脂含量42%）
　　crème fraîche 42% MG　164ml
檸檬汁 jus de citron　4.6ml

1　將奶油起司和酸奶油一起放入調理盆中攪
　　拌。
2　加入精緻細砂糖。
3　一開始呈現固體狀。攪打時刮落附著於四周
　　的奶油起司以均勻的混合。
4　混合完成後，將一半的冰涼混合性鮮奶油慢
　　慢加入。在打散起司時強力攪拌，先加入不
　　易分離的混合性鮮奶油。
5　以中速攪打，拌入空氣。
6　加入一半的混合性鮮奶油後，將調理盆邊緣
　　刮乾淨。
7　將鮮奶油和剩餘混合性鮮奶油慢慢加入，攪
　　打成乳霜狀。
8　由流動的狀態漸漸膨脹。
9　加入櫻桃酒混合。
10　最後加入檸檬汁攪拌。注意若攪拌過度，會
　　因為酸度而導致分離。
11　打入大量空氣，混合得十分漂亮的狀態。完
　　成時的溫度為17℃。

●起司需在冰涼狀態下進行製作。若
　溫度上升則容易塌陷。

●可以清楚看見攪拌機攪拌的痕跡，
　且攪拌聲中飽含空氣感。若攪拌過
　度，則會變得沒有彈性。

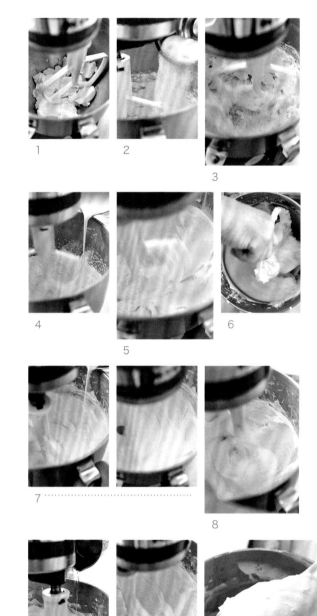

以起司的自然凝固力使奶油餡成型。

組合②

montage②

1 以刮刀刮取起司餡，向慕斯圈兩側塗抹，
　並在鳩康地蛋糕和慕斯圈之間輕壓，填入
　餡料。
2 兩側填滿後，於中央處放上大量奶油餡。
3 以刮刀填滿慕斯圈，清除多餘餡料後，放
　入冷藏。

1　　　　2　　　　3

最後修飾　　切片尺寸：寬 2.7cm

finition

1 淋上香緹鮮奶油

香緹鮮奶油（P.8）crème chantilly

冷藏凝固後，以噴火槍加熱慕斯圈脫模。並將
打至五分發的香緹鮮奶油澆淋在蛋糕體上。以
刮刀抹平表面，刮落多餘鮮奶油。放入冷藏稍
微冷卻凝固。

1　　　　2　　　　3

2 分切

以熱水溫熱過的刀子切除邊緣，再分切成每一
份寬2.7cm。

1　　　　2　　　　3

3 以糖粉妝點表面

糖粉 sucre glace

以茶篩均勻地撒上防潮糖粉，請均勻輕撒避免
表面糖粉多寡不一，最後放上裝飾紙片作裝
飾。

1　　　　　　　　　　3

2

歐涅特

Honnête

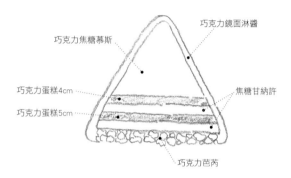

巧克力焦糖慕斯
巧克力鏡面淋醬
巧克力蛋糕4cm
巧克力蛋糕5cm
焦糖甘納許
巧克力芭芮

追尋巧克力的原點，
製作獨一無二的三角歐涅特。

　　歐涅特在法語中有著「誠實」之意，命名來由源自於比利・喬的名曲。在製作過各種巧克力甜點後，突然想重新找回巧克力甜點的原點，腦海中所浮現的詞彙正是歐涅特。不和水果及酒類搭配，能夠直接讓人感受到巧克力本身的風貌，這樣充分展現自我的小蛋糕，嚐起來會是怎樣的味道呢？使用三角管狀烤模，在色彩繽紛的展示櫃中放入漆黑的三角形，一定很有趣！由於黑色可收斂其他顏色，看起來沉靜又華麗，所呈現的視覺效果也是一絕。

　　形狀並非只影響外觀，在口感上也扮演著重要角色。和四角形或圓形不同，三角形的甜點會因為叉子切入的角度而改變層次平衡。在一口之中，有時是慕斯較多，有時則是脆脆的芭芮脆片較多。豐富了味覺和口感上的變化，能夠讓一個濃郁的巧克力甜點在短時間被品嚐完。

　　巧克力蛋糕體無添加麵粉，是以化口性良好的法式分蛋蛋糕製作。僅以可可粉調味。味道微苦且鬆散輕盈。柔軟的巧克力焦糖慕斯則使用了可可含量55％容易入口的巧克力和焦糖所組成。或許是焦糖的香氣觸動人們深層想要一嚐再嚐的心理。在甘納許中，也加入了焦糖醬。添加些許鹽，是為了襯托出食材特性，且鹹味會成為餘味，增進食慾。底層使用了增添口感的巧克力芭芮。一道經過精密計算的三角形甜點，這就是歐涅特。

芭芮脆片
是一種酥脆的薄烤可麗餅皮。薄片狀芭芮常被當成烘焙材料販售。可使用於和巧克力混合製作成蛋糕底，增添口感。

巧克力蛋糕 400mm X 600mm 烤盤　一盤份

biscuit au chocolat

全蛋 œufs entiers　176g
蛋黃 jaunes d'œufs　46g
精緻細砂糖 sucre semoule　105g
可可粉 cacao en poudre　74g
牛奶 lait　17g
奶油 beurre　17g
蛋白霜
　蛋白 blancs d'œufs　93g
　精緻細砂糖 sucre semoule　45g

1　將全蛋和蛋黃混合後，加入精緻細砂糖，以隔水加熱的方式加熱至肌膚溫度後，進行攪拌。

2　確實攪拌至顏色泛白且膨脹。

3　在蛋白中加入少量精緻細砂糖後，以高速打發。打發完成後，加入剩餘的精緻細砂糖，製作蛋白霜。

4　將一部分蛋白霜加入2中混合。

5　為了避免可可粉結塊，請過篩後使用。

6　在混合4的同時加入可可粉。

7　由於可可粉容易因吸收水氣而消泡，請迅速混合。

8　加入剩餘的蛋白霜混合。

9　在融化奶油中，加入少量的8混合後，再倒回8的調理盆中。

10　使其乳化得柔滑細緻。

11　迅速在烤盤上抹開。烘焙紙的邊緣要確實擦拭乾淨，放入烤箱，以185℃烘烤約8分鐘。

12　出爐！移至網架上放置冷卻。

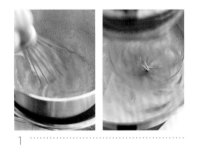

1

2

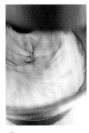

3　　　　4

5　　　　6

7　　　　8

9 ………………………… 10

11 ………… 12

巧克力芭芮 62mm X 365mm 的慕斯圈　2 條份
feuilletine chocolat

黑巧克力 精選黑巧克力（貝可拉）
  couverture noire（Belcolade:sélection
  noire）　90g
芭芮脆片 feuilletine　70g

1 隔水加熱融化黑巧克力，再與芭芮脆片拌
  勻。
2 在每個矽膠圈內各鋪入80g，拿下矽膠圈
  後冷凍。

1 …………………………

2 …………………………

巧克力焦糖慕斯 62mm X 365mm 的三角管狀模　1 條約 180g X 2 條份

mousse au chocolat caramel

焦糖醬
　　精緻細砂糖 sucre semoule　14g
　　牛奶 lait　39g
　　鮮奶油（乳脂含量 35%）
　　　crème fraîche 35% MG　39g
　　蛋黃 jaunes d'œufs　28g
　　精緻細砂糖 sucre semoule　15g
無糖鮮奶油霜（P.8）
　　crème fouettée sans sucre 35% MG　160g
黑巧克力（法芙娜吉瓦娜巧克力 可可含量 56%）
　　couverture noire (Valrhona:Caraque
　　56%)　115g

1　加熱精緻細砂糖，使其焦糖化。
2　加熱至200℃時，倒入加熱過的牛奶和鮮奶
　　油混合。
3　將蛋黃和精緻細砂糖摩擦混拌，再加入2的
　　焦糖液。
4　立刻倒回鍋中，加熱至78℃（再以餘溫上
　　升至82℃），再過篩。
5　將隔水加熱融化的黑巧克力與已過篩4的焦
　　糖醬混合。
6　盆底浸泡冰水冷卻至38℃，加入無糖打發
　　的鮮奶油。一邊避免消泡，一邊以刮刀大動
　　作混合。
7　慕斯完成。
8　填入擠花袋中，擠入鋪有塑膠模的三角管狀
　　模中，在工作檯上敲打使表面平坦。在冰箱
　　冷藏2小時以上，使其冷卻定型。

1　　　　2 ....

3　　　　4

5 ....

6 ....

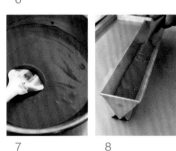

7　　　　8

帶有蜂蜜香氣的甘納許，賦予巧克力深度美味。

焦糖甘納許
caramel ganache

巧克力 焦糖巧克力（貝可拉）
　　couverture caramel(Belcolade:chocolat
　　caramel） 55g
黑巧克力 普艾瑪（貝可拉）
　　couverture noire（Belcolade:noir pur amer
　　72.4%） 55g
鮮奶油（乳脂含量 35%）crème fraîche 35% MG 176g
精緻細砂糖 sucre semoule 30g
Guerande 鹽 sel de Guérande 0.4g
奶油 beurre 4.3g
蜂蜜 miel 4.3g

1　　　　　　2　　　　　　3

1 將精緻細砂糖加熱至200℃，製作焦糖。倒入加熱
　 的鮮奶油混合均勻。
2 將兩種巧克力一起隔水加熱，並將1的焦糖醬分兩
　 次加入混合。
3 依序放入鹽、蜂蜜、奶油攪拌混合。

●因為蜂蜜是天然轉化糖，能烘焙出柔
軟的質感，並可替甘納許增添花朵般的
芬芳。

組合
montage

1 裁切巧克力蛋糕
剝除巧克力蛋糕的烘焙紙，分切成每條約
36.2cm×寬5cm和36.2cm×寬4cm。分層容
易散開，請小心分切。

2 重疊於本體
在冷卻凝固的慕斯上疊上4cm的蛋糕，輕壓密
合。

3 擠入甘納許
擠上80g的甘納許後抹開。以抹刀連同烤模角
落漂亮地抹平。再疊上寬5cm的巧克力蛋糕後
輕壓。

4 疊上芭芮脆片

擠入剩餘的甘納許並抹平。放入冷凍過的巧克力芭芮，輕壓使其密合後，再放入冷凍。

最後裝飾

finition

巧克力鏡面淋醬（P.136） 一條蛋糕約使用 100g

1 將冷凍凝固的蛋糕體從烤模中取出，剝除塑膠片。
2 放在網架上，澆淋巧克力鏡面。輕敲工作檯，使網架上多餘淋醬滴落。

1　　　　2 ···

分切　　切片尺寸：寬 3.8cm

découpage

當巧克力鏡面淋醬因為蛋糕體的低溫而稍微凝固時，即可進行分切。刀子以熱水溫熱過並擦乾，先切去兩端，再分切成每份3.8cm寬。

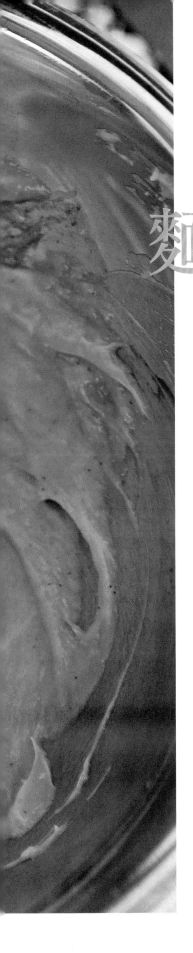

麵團&奶油餡
的美味關係

身為甜點基礎的麵團和奶油餡相輔相成。
兩者的製作工法皆細微且敏銳。
即使以同樣配方製作，
只要作法不同，口感就會明顯不同。
奶油餡光是打發狀態，
就可以左右甜點的化口性。
當麵團與奶油餡組合，
為了避免奶油餡的水分影響麵團的香氣和口感，
背後所隱藏的細節，都是對職人的考驗。
味道方面也是如此，
單純結合兩種嚐起來很美味的單品，
無法完成一道好吃的甜點。
能夠將兩者融合成絕妙好味，
才是甜點師傅的真本事。

甜塔皮
pâte sucrée

甜塔皮是擁有爽脆口感的麵皮，主要是用
於塔派等甜點的底部餅皮。除了可以防止奶油
餡溢出之外，也能吃出層次感。麵團在塑型時
需要仰賴麵筋的力量，因此需依照奶油、蛋、
麵粉的順序進行混合，使蛋的水分在接觸到麵
粉時可以成筋，產生適當的硬度。甜塔皮容易
崩散不好操作，但作得過硬，也不易食用。因
此混合的程度相當重要的課題。

1 奶油回溫至手指可壓
入的柔軟狀態。

2 一邊以攪拌機攪拌，
一邊加入糖粉混合。

3 以中速確實攪拌至看
不見糖粉的白色。

容易製作的份量

無水奶油 beurre déshydraté　265g
糖粉 sucre glace　165g
全蛋 œufs entiers　90g
杏仁粉 poudre d'amande　55g
Guerande 產的鹽 sel de Guérande　2g
香草糖 sucre vanillé　2g
低筋麵粉 farine　440g

4 冷藏蛋的溫度會使奶
油降溫，因此使用回溫
蛋。打成蛋液後加入。

5 降至低速，將全蛋液
少量多次加入，確實進
行乳化。

6 混合杏仁粉、香草糖
和鹽，並加入5中，攪
拌均勻。

製作流程

```
奶油
↓
糖粉
↓
蛋
↓
杏仁粉
↓
麵粉
```

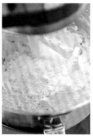  

7 在6中加入所有低筋
麵粉，以低速攪拌。

8 若揉合過度，塔皮會
變硬，請混合至看不見
麵粉顆粒的程度即可。

9 混合完成後，聚集成
團包覆保鮮膜，放入冷
藏室鬆弛一晚。

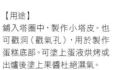  

【用途】
鋪入塔圈中，製作小塔皮。也
可戳洞（戳氣孔），用於製作
蛋糕底部。可塗上蛋液烘烤或
出爐後塗上果醬杜絕濕氣。

甜塔皮 砂狀搓揉法
pâte sucrée

砂狀搓揉法sablage是指將麵粉與油脂揉搓混合的動作。以粒子狀的油脂包覆麵粉，不讓粉類和水分結合，難以形成麵筋。無筋性的塔皮特徵就在於相當酥鬆易碎的口感。在冰涼的狀態下將奶油和麵粉均勻且仔細地搓揉混合，建議於大理石板上進行，但由於甜點店需大量製作，因此以攪拌機混合。 奶油盡可能冷卻，粉料也預先置於冰箱降溫。

1 使用低溫凝固狀態下的奶油。

2 將事先放入冰箱降溫的低筋麵粉一口氣全部加入。

3 以中速摩擦攪拌奶油和低筋麵粉。

容易製作的份量

無水奶油 beurre déshydraté　265g
低筋麵粉 farine　440g
糖粉 sucre glace　165g
Guerande 產的鹽 sel de Guérande　2g
香草糖 sucre vanillé　2g
全蛋 œufs entiers　90g
杏仁粉 poudre d'amande　55g

4 混合糖粉、鹽、香草糖後，加入3。

5 攪拌均勻。

6 加入打散的全蛋液，以中速拌勻。在此使用低溫蛋。

製作流程

奶油
↓
麵粉
↓
糖粉
↓
蛋
↓
杏仁粉

7 取下攪拌棒，從底部撈起均勻混合。再裝上攪拌棒，加入杏仁粉。

8 攪拌。完畢後倒在工作檯上。

9 將麵團一點一點摩擦混合後，聚集成團，放入冷藏室鬆弛一晚。

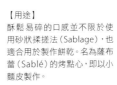

【用途】
酥鬆易碎的口感並不限於使用砂狀搓揉法（Sablage），也適用於製作餅乾。名為薩布蕾（Sablé）的烤點心，即以小麵皮製作。

綠檸檬小塔

tartelette au citron vert

以傳統檸檬塔的工法製作的綠檸檬（萊姆）小塔。在塔圈內鋪入派皮的fonçage是製作甜塔皮的基礎流程。藉由鋪入塔皮的動作，將甜塔皮製作成承載柔軟新鮮的奶油餡容器。也是營造口感的重要因素，在奶油餡和義大利蛋白霜中，塔皮的美味度也擔任了重要的角色。為了維持口感，增色蛋液不只塗在底部，側面也要塗抹，以徹底隔絕濕氣。義大利蛋白霜的烤面會產生砂糖覆膜，將氣泡的甜味和砂糖的甘美分為雙層。若以噴火槍炙燒，會造成顏色過深，蛋白也會燒焦而影響口感。因此製作砂糖膜相當重要，請務必以烤箱烘烤。

甜塔皮

pâte sucrée

直徑 60mm 的小塔

甜塔皮 pâte sucrée
綠檸檬奶油餡（作法另記）crème citron vert
義大利蛋白霜（P.9）meringue italienne
＊以 3 號 8 齒花嘴擠花

增色蛋液（全蛋）œufs entiers　適量
糖粉 sucre glace　適量

1 在工作檯上撒上手粉（高筋麵粉／份量外），將甜塔皮擀成2.5mm厚。並非一口氣用力壓平，而是一邊改變麵團方向，一邊以擀麵棍仔細滾動擀平。

2 以直徑9cm塔圈壓出形狀，並靜置鬆弛。剛成型的麵團相當柔軟，以圓形狀態冷藏可讓奶油凝固，使麵團緊實。

3 將塔皮放入並緊貼6cm的塔圈內部。

4 讓底部塔皮高於塔圈5mm左右，並在工作檯上回轉，將塔皮底部壓入塔圈中，即可緊緊貼合的底部。最後修掉塔圈邊緣多餘部分。

7 在直徑9cm的烘焙紙上剪出放射狀切線，放在鋪於塔圈中的塔皮上，再放上派石。放入旋風烤箱，以160℃烘烤約20分鐘。

9 將塔皮脫模。作出了漂亮的底部。

10 塗上增色用全蛋液，再放入旋風烤箱，以160℃烘烤約5分鐘。

13 在塔皮上擠入綠檸檬奶油餡，並抹平。

15 以星形花嘴在7擠上義大利蛋白霜，並在表面撒上糖粉，放入烤箱，以230℃烘烤5分鐘（烤至上色）。

7   8   9

10   11   12

13   14   15

綠檸檬奶油餡
crème citron vert

全蛋 œufs entiers　280g
萊姆汁 ju de citron vert　136g
精緻細砂糖 sucre semoule　144g
萊姆果皮 zeste de citron vert　4g
奶油 beurre　144g

1   2   3

4   5   6

以銅鍋加熱蛋、精緻細砂糖和萊姆果汁，一邊攪拌，一邊收乾。同時注意不要燒焦。加熱至80℃後，過篩拌入萊姆果皮（圖3），將盆底浸泡冰水，冷卻至36℃。在呈現乳霜狀態的奶油中，加入一部分餡料，並以攪拌機充分混合後，再倒回盆中，攪拌至完全均勻。

水果迷你塔
tartelette aux fruits

這是一道在有底淺模中鋪入甜塔皮，和杏仁奶油餡一起烘烤的迷你塔。為了襯托當季水果的鮮甜，希望塔皮的口感能輕盈不膩口。因此鋪入甜塔皮的方式是製作關鍵。若稍有厚度，口感會變得堅硬，在緊貼塔模時，請一邊向邊緣延伸壓薄，一邊塑型。奶油餡若使用傳統杏仁奶油餡，餘味會過於厚重，因此於杏仁奶油餡中，加入酸奶油，以清爽酸味中和濃郁感，其中加入轉化糖增添濕潤度。再與專業卡式達醬混合，製作出卡式達杏仁奶油餡。輕盈的塔底承載著卡式達鮮奶油，口感更溫暖順口。

甜塔皮 pâte sucrée
卡式達杏仁奶油餡（作法另記）crème frangipane
專業卡式達醬（P.7）crème pâtissière
卡式達鮮奶油醬（作法另記）crème diplomate
覆盆子果醬 confiture framboise
＊熬煮至濃稠狀
水果 fruits
（草莓／奇異果／黑莓／覆盆子／藍莓／醋栗）
糖粉 sucre glace   適量
透明果膠 nappage neutre   適量
乾燥香草莢 gousse de vanille séchées   適量

甜塔皮
pâte sucrée

1 將塔模間隔排列於工作檯上，覆蓋上擀成2.5mm厚的甜塔皮。
2 以剩餘的麵團沾取手粉按壓麵團，使麵團緊貼。
3 斜向滾動擀麵棍，以塔模邊緣壓切多餘的塔皮。
4 以手指往邊緣按壓使麵團緊貼，並以沾取手粉的切麵刀切除多餘麵團。完成後靜置鬆弛。
5 擠入卡式達杏仁奶油醬並抹平，放入烤箱，以160℃烘烤20分鐘。

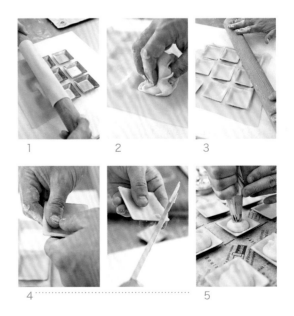

1   2   3

4 ················· 5

6 降溫後，在邊緣擠上覆盆子果醬。是為了在堆疊水果時，作為支撐。

7 在中央擠入專業卡式達醬。

8 在上方擠上高高隆起地卡式達鮮奶油醬。

9 將水果以卡式達鮮奶油醬支撐，呈現立體裝飾。擠上透明果膠，最後裝飾上乾燥香草莢。

5 ⋯⋯⋯⋯⋯⋯⋯⋯⋯⋯⋯⋯⋯⋯⋯⋯ 6

7　　　　　8　　　　　9

杏仁奶油餡
crème d'amandes

　奶油　beurre　225g
　糖粉　sucre glace　188g
　酸奶油　crème aigre　18g
　轉化糖　trimoline　37g
　全蛋　œufs entiers　225g
　香草醬　vanille en pâte　2.8g
　杏仁粉　poudre d'amande　337g

打散奶油和糖粉混合，再加入酸奶油、轉化糖、香草醬後，少量多次地加入蛋液，使其乳化。最後加入杏仁粉混合，靜置一晚。

＊若產生分離狀態，請稍微以噴火槍重新加溫，使奶油產生空隙，再度乳化。若為製作量大的甜點店，則可使用Stephan（真空乳化機），不但方便乳化，也能一口氣混合所有材料。

杏仁奶油餡

1　　　　　2　　　　　3

卡式達杏仁奶油餡
crème frangipane

　杏仁奶油餡　crème d'amandes　300g
　專業卡式達醬（P.7）crème pâtissière　150g

混合材料，在冰涼的狀態下進行製作。

卡式達杏仁奶油餡

1　　　　　2　　　　　3

卡式達鮮奶油醬
crème diplomate

　無糖鮮奶油霜（P.8）
　　crème fouettée sans sucre 35% MG　100g
　專業卡式達醬（P.7）crème pâtissière　30g

混合所有材料。

卡式達鮮奶油醬

1　　　　　2

泡芙麵糊
pâte à choux

　　泡芙麵糊放入烤箱加熱，膨脹後在內部形成較大的孔洞。可於孔洞中擠入奶油餡，製作奶油泡芙或閃電泡芙。泡芙麵糊會隨著厚度或空間大小而改變特性，是一道相當有趣的點心。其原理為麵糊中的水分，因加熱蒸發形成氣體產生支撐力。最後加入的蛋液量也是成功與否的一大關鍵。製作時須考量泡芙皮和奶油餡的平衡，適度調整麵糊的稠度。

容易製作的份量

水 eau　125g
奶油 beurre　50g
鹽 sel　1.5g
精緻細砂糖 sucre semoule　3g
低筋麵粉 farine　75g
全蛋 œufs entiers　130g

製作流程

水、奶油、鹽
↓
（加熱）
↓
麵粉
↓
（加熱）
↓
蛋

1 在鍋中同時加入水、奶油和鹽、精緻細砂糖。一邊攪拌，一邊煮沸，再加入低筋麵粉混合均勻。

2 充分混合避免結塊，混合至粉粒消失後，再次進行加熱，並攪拌麵團。

3 漸漸成團，在底部形成薄膜狀。

4 移至調理盆中，在麵團溫熱的狀態下以攪拌機直接攪拌。

5 將全蛋打散，一邊觀察狀態，一邊少量多次慢慢加入。

6 整體變得濃稠。約為以刮刀舀起會慢慢滴落的濃稠度即可。

【失敗因素】
若蛋液量過多，會使麵糊仍處於流動狀態。擠在烤盤上會擴散攤平，難以漂亮成型。

奶油泡芙
choux à la crème

　　高高膨起、形狀良好的泡芙皮內，填入新鮮的奶油餡。奶油泡芙是簡單卻極具人氣的一道甜點。為了使泡芙皮軟硬適中，讓人感受到麵粉延展的層層口感，須稍費心思控制水量。並於烘烤前，撒上杏仁顆粒，增添泡芙皮的香氣與愉快的嚼感。若將泡芙對半劃出刀痕，從側邊擠入奶油餡，會使奶油餡因接觸空氣而變得乾硬，且細緻的蛋香就散失。請將奶油餡擠入泡芙麵糊自然形成的孔洞中，享受泡芙皮和奶油餡質樸和諧的美味，這正是奶油泡芙的精髓。雖然一般使用冰鎮過的卡式達醬製作，但在剛出爐的泡芙皮中，擠入現煮卡式達醬也非常好吃，請一定要品嚐看看喔！

泡芙麵糊
pâte à choux

泡芙麵糊（P.61）pâte à choux
增色蛋液 dorure
　牛奶 lait　45g
　蛋黃 jaunes d'œufs　120g
杏仁粒 amande concassées　適量

1　依P.61的步驟製作麵糊。在烤盤上以15號
　　圓形花嘴擠出麵糊。
2　以刷子塗上增色蛋液。請使用不會掉毛的矽
　　膠刷。
3　以叉子在麵糊表面作出格紋，可使表面平均
　　膨脹，使成品大小一致。
4　撒上杏仁粒後，以手輕壓，再輕輕撥去多餘
　　的量。
5　放入烤箱，以上火180℃、下火220℃烘烤
　　20分鐘，待充分膨脹後，轉為上火
　　180℃、下火180℃繼續烤10分鐘。完成後
　　移至旋風烤箱，以130℃續烤10分鐘，徹
　　底烤乾即完成。

1　　2　　3

4　　5

6 以刀子在底部中央開洞。
7 擠入卡式達奶油餡。
8 在底部墊上蛋糕紙。
9 撒上糖粉。

卡式達鮮奶油醬
crème diplomate

專業卡式達醬（P.7）crème pâtissière 　1000g
無糖鮮奶油霜（P.8）
　　crème fouettée sans sucre 35% MG　100g

將材料混合均勻。

【水分多寡為成敗關鍵】
圖左為過稀的麵糊所烘烤而成。麵
糊往左右擴散膨脹，造成下方空間
較小，只有上半部膨脹。圖右為P.61
的麵糊烘烤而成。均衡向上方伸展
膨脹，曲線平緩且圓潤美麗。

焦糖閃電泡芙
éclair caramel

　　閃電泡芙的主角為泡芙皮，因此奶油餡的比例與奶油泡芙有很大的差異。要製作出美味麵皮的麵糊，最重要的就是水分的控制。當加入麵粉開始加熱時，請確實將麵糊聚集成團並讓水分徹底蒸散。以看起來麵糊聚集成團，並從底部剝離為基準，少量多次添加蛋液調整水分。閃電泡芙的表面裝飾，一般使用糖衣披覆，相當好吃，但為了更加襯托焦糖香氣，在此添加了含有海鹽的脆餅，挑戰新的風味。脆口的堅果口感和香氣為泡芙麵糊和奶油餡的協調，帶來新鮮的驚喜，是一道改良進化版的閃電泡芙。

泡芙皮
pâte à choux

完成長度 13cm　14 條份

泡芙麵糊（P.61）pâte à choux

1　依P.61的步驟製作麵糊。但閃電泡芙的麵糊請製作得更加濃稠。

2　填入裝有單排2號擠花嘴的擠花袋中，擠出12cm條並重疊三層。可以膨脹出漂亮的漸層，作出形狀一致的美麗閃電泡芙。

3　噴灑水霧後，放入烤箱，以上火180℃、下火180℃烘烤50分鐘。完成後移至旋風烤箱，以150℃續烤10分鐘，完全乾燥即完成。

1　　　　　2　　　　　3

【失敗因素】
閃電泡芙的麵糊請製作得較濃稠後再擠出
圖左為麵糊太稀而失敗的例子。表面紋路消失，膨脹度也不足。圖右可清楚看見表面花紋，是最為軟硬適中的閃電泡芙。

4 冷卻後將平整的底面朝上。膨脹面以刀子等
距離開出三個洞。
5 從洞中擠入焦糖奶油餡。
6 表面塗上焦糖糖衣。
7 為了使外觀乾淨漂亮，請以手指將糖衣邊緣
抹成直線。
8 於表面三處裝飾上脆餅，即完成

●將底部朝上是為
了平整地披覆糖
衣，完成乾淨漂亮
的作品。

焦糖糖衣
fondant caramel

焦糖 caramel （依下方所記） 15g
糖膏 fondant pâtissier 150g
杏仁帕林內醬 praliné d'amande 18g

將糖膏加溫至體溫左右，一邊調色，一邊混合
材料。

焦糖奶油餡
crème caramel

焦糖奶油餡

專業卡式達醬（P.7）crème pâtissière 400g
焦糖 caramel （依下方所記） 40g
　精緻細砂糖 sucre semoule 50g
　水（熱水）eau chaude 100g

混合材料。

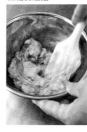

脆餅
croquants

脆餅

蛋白 blancs d'œuf 30g
糖粉 sucre glace 100g
烤過的杏仁 amandes grillées 80g
烤過的榛果 noisettes grillées 40g
馬爾頓的海鹽 sel de Maldon 適量

將蛋白輕輕打散，加入糖粉混合均勻後，再加入
切碎的杏仁和榛果。將1／3小匙左右的量放在
烘焙墊上，並撒上馬爾頓的海鹽，放入烤箱，以
上火130℃、下火130℃烘烤60分鐘。

辻口茶園閃電泡芙
éclair "Matcha"

　　我在靠近寮國邊境，標高1000公尺的土地上，經營了無農藥茶園。山的表面籠罩著霧氣，茶葉的色澤較淡，所製作出的抹茶，不但香氣濃郁，且帶有恰到好處的清苦。更因受陽光充分照射，含有豐富的兒茶素。辻口茶園閃電泡芙在製作泡芙皮、奶油餡、糖霜和脆餅時，皆添加了抹茶，咬一口即可譜一段與抹茶的戀曲。在泡芙麵糊中加入抹茶時，須精確計算抹茶的吸水量，以調節水分。麵糊若過於濃稠，便會難以膨脹。在其他點心麵糊中加入抹茶時，也一樣須考量水分問題。

抹茶泡芙麵糊
pâte à choux Matcha

完成長度 13cm　共 14 條

水　eau　125g
奶油　beurre　50g
鹽　sel　1.5g
精緻細砂糖　sucre semoule　3g
低筋麵粉　farine　72g
辻口茶園抹茶　Matcha "Tsujiguti"　4g
全蛋　œufs entiers　130g

1　將P.61的4g低筋麵粉替換成抹茶粉，並與低筋麵粉充分混合。
2　將奶油、水、鹽、精緻細砂糖放入鍋中混合，加熱至沸騰後熄火，再將1的粉類一口氣倒入並快速攪拌，以避免結塊。
3　再次開火，整體混合均勻後移至攪拌機中。
4　一邊攪拌，一邊慢慢加入打散的蛋液。
6　由於抹茶粉容易吸收水分，製作的訣竅在於要比P.64的閃電泡芙麵糊稍微更稀一點。

1　　　　　2　　　　　3

4　　　　　5　　　　　6

7 完成麵糊後，填入裝有單排2號擠花嘴的擠花袋，以與P.64相同方式擠出。

8 噴灑水霧供給水分，放入烤箱，以上火180℃、下火180℃烘烤50分鐘。完成後再放入旋風烤箱，以150℃的續烤10分鐘，烤至徹底乾燥即完成。

9 將底部朝上，於膨脹面以刀子等距離開三個洞，擠入抹茶奶油餡。

10 表面塗上抹茶糖衣，邊緣以手指抹成直線。

11 將抹茶脆餅裝飾於表面三處。
在糖粉中混入6g抹茶，以與P.65相同的方式製作。

7 ······························· 8

9   10   11

抹茶糖衣
fondant Matcha

糖膏 fondant pâtissier　150g
30 度波美糖漿 sirop à 30° B　11g
抹茶粉 Matcha　3g

將糖膏加熱至肌膚的體溫，以糖漿和抹茶調整濃稠度與顏色。

抹茶奶油餡
crème Matcha

專業卡式達醬（P.7）crème pâtissière　400g
辻口茶園抹茶粉 Matcha "Tsujiguti"　10g

將所有材料混合均可。

抹茶奶油餡

1   2

●抹茶糖衣使用了顏色較鮮明的宇治抹茶。抹茶與液體混合時，容易吸水結塊，請先與精緻細砂糖摩擦混拌後，再加入奶霜狀奶油餡。

【失敗因素】
抹茶麵糊容易吸收水分
圖右的泡芙麵糊與P.64差不多濃稠度。但由於抹茶容易吸收水分，容易造成烤好後膨脹度不足。

紅巴黎布列斯特
Paris-Brest rouge

　　巴黎布列斯特以泡芙麵糊製作的代表性點心之一。由一位法國的點心師傅所發明，而我將其變化出更迷人的風貌。傳統的外型是模仿自行車的車輪，我的巴黎布列斯特則以紅色法拉利為發想。法國各地皆有販售的紅色杏仁帕林內，也成為我靈感的來源之一。紅色餅乾麵團經烘烤而自然龜裂的質感，想必是一道具有衝擊性的點心。美麗的裂紋一如陶藝家拉坯捏土、塗上釉料，再將作品交給石窯畫龍點睛般，是只有烤箱才能創造出的藝品。傳統作法中，無添加酸味，在此則以覆盆子與孟加里巧克力的天然酸味作為前導。甘納許奶油餡夾著覆盆子酸味，再由巧克力奶油餡和卡式達醬構成雙層結構，口感濕潤柔和。不全依循傳統製作，而是加入玩心與驚喜，這也是我對烘焙的熱情所誕生的全新滋味。

泡芙麵糊
pâte à choux

完成直徑 10cm 泡芙圈　3 個份

泡芙麵糊（P.61）pâte à choux
紅色餅皮（P.71）pâte rouge

1 依照P.61製作閃電泡芙麵糊。將9cm的圈模沾上麵粉，在烤盤上作出記號。

2 以15號圓形擠花嘴擠出兩層圓形。第二層稍微小一點。

3 覆蓋上餅乾麵皮，放入烤箱，以上火180℃、下火180℃烤45分鐘，再轉至上火120℃、下火160℃烤25分鐘。最後放入旋風烤箱，以120℃續烤30分鐘確實烤乾。

1　　　　　　　　2

2　　　　3

4 等到降溫後，將泡芙圈切半。

5 由於要在下層擠上奶油餡，因此以手指將內側壓開，較容易擠餡。

4 5

覆盆子奶油餡
crème framboise

專業卡式達醬（P.7）crème pâtissière　300g

覆盆子果泥（無糖）

　　purée de framboise（non-sucre）　15g

將材料混合均勻，放入擠花袋中擠在下層泡芙圈內。

 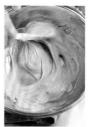

1　　　　　　　2

3 ....

組合
montage

盆子凍乾粉

　　poudre de framboises lyophilisées　適量

糖粉　sucre glace　適量

紅色杏仁帕林內（P.70）

　　pralines d'amande rouge　適量

1 混合甘納許和鮮奶油，以聖安娜花嘴在泡芙圈上，放射狀擠花。

2 上層泡芙撒上覆盆子凍乾粉。

3 部分撒上防潮糖粉作裝飾。

4 甘納許奶油餡的空隙間，點綴上紅杏仁帕林內。

1 2

3　　　　　　　4

甘納許
ganache

容易製作的份量
黑巧克力（法芙娜 孟加里）
　couverture noire（Valrhona:Manjari）　280g
可可脂 beurre de cacao　15.2g
鮮奶油（乳脂含量 35%）
　crème fraîche 35% MG　242g
鮮奶油（乳脂含量 47%）
　crème fraîche 47% MG　38g
覆盆子果泥（無糖）
　purée de framboise（non-sucre）　160g
精緻細砂糖 sucre semoule　50g

1 將兩種鮮奶油一起倒入鍋中，再加入精緻細
　砂糖和覆盆子果泥加熱。
2 沸騰後，將1加入可可脂和巧克力中一起溶
　解。
3 以刮刀充分混合後，再以手持式電動攪拌器
　將整體乳化至滑順。
4 覆蓋保鮮膜放入冰箱靜置一晚。

甘納許奶油餡
crèmes ganache

甘納許 ganache　400g
鮮奶油（乳脂含量 47%）
　crème fraîche 47%MG　200g

使用時和鮮奶油一起以攪拌機混合，藉由攪拌
打入空氣。

紅色杏仁帕林內
pralines d'amande rouge

容易製作的份量
覆盆子果泥（無糖）
　purée de framboise（non-sucre）　40g
精緻細砂糖 sucre semoule　120g
烤過的杏仁 amande grillée　200g

將精緻細砂糖和覆盆子果泥一起放入鍋中加
熱，收乾至121℃後，裹覆在杏仁上。混合初期，
砂糖會像麥芽糖般包覆（圖3）。經加熱後，杏
仁外圍的砂糖會再次結晶（圖4）。最後鋪平冷
卻。

甘納許

1　　　　　2

3　　　　　4

甘那許奶油餡

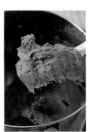

1　　　　　2　　　　　3

4　　　　　5　　　　　6

紅色餅皮

pâte rouge

容易製作的份量

奶油 beurre　90g
精緻細砂糖 ucre semoule　40g
牛奶 lait　8g
低筋麵粉 farine　126g
覆盆子凍乾粉
　　poudre de framboise lyophilisées　14g
鹽 sel　2g
食用色粉 colorant rouge　適量

1 在奶油中加入精緻細砂糖與食鹽一起攪拌，
　充分混合後再慢慢倒入牛奶，最後加入以水
　溶解的紅色色素，混合均勻。
2 將低筋麵粉和覆盆子凍乾粉混合過篩備用。
　待1混合完成後，一口氣倒入所有粉類，再
　攪拌至看不見粉粒的狀態即可。
3 聚集成團後，以保鮮膜包覆，放入冷藏室鬆
　弛一晚。
4 將冷卻變硬的麵團放上撒有手粉的工作檯，
　充分揉合成團。
5 以擀麵棍擀開成2mm厚，使麵團呈現連接
　的狀態。
6 以沾有手粉的10cm和5cm圓模壓切出環
　狀。請避免留下多餘麵團。
7 剛成形的麵團很柔軟，需移入冰藏室冷卻變
　硬。

反摺派皮
pâte feuilletée inversée

反摺派皮的法文為inversé即為顛倒之意。一般的派皮（千層酥皮）是以麵粉製作的麵皮包裹奶油而成，但反摺派皮則以奶油包覆麵皮。相對於千層酥皮的酥脆口感，反摺派皮的厚度較厚且吃起來柔軟酥鬆。在烘烤過程中，疊上烤盤加壓，抑制膨脹，藉以濃縮奶油的風味，令人想使用香味怡人的發酵奶油來製作。選擇麵粉也是很重要的環節。麵包專用高筋麵粉「蒙布朗」在高筋麵粉中較為柔軟，口感帶著韌性。「山茶花」則能展現陽剛嚼勁，將兩者搭配製作奶油麵團，可呈現出柔軟中帶有嚼勁的口感。市面上麵粉品牌眾多，也可嘗試組合使用。製作派皮時，須加強溫度的控管，避免奶油融化，請確實冷卻鬆弛。

基礎摺法

三摺

1   2   3

②   ①

1/3   1/3   1/3

在擀開的麵皮長度1/3處以右、左的順序往內側摺疊。

四摺

1   2   3

①

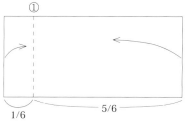

1/6   5/6

將左右兩側摺向①處對齊，捏緊接合線。閉合的褶線朝內，將長邊對摺。

製作流程

第1天	製作麵團 麵皮 奶油
第2天	摺疊包覆 鬆弛1小時
	三摺 轉90度後擀開 四摺 鬆弛1小時
	轉90度後擀開 三摺 轉90度後擀開 三摺 鬆弛1小時
	轉90度後擀開 三摺 冷卻鬆弛
	擀開成厚9mm 鬆弛1小時
	擀開成厚3.8mm
	戳洞使用

麵粉

依照麵粉筋性的強度，會作出不同的成品。在Mont St. Clair使用的是麵包專用麵粉「蒙布朗」（第一製粉／灰份0.4%、粗蛋白11.8%）。

酥皮機

擀千層酥皮的機器。將刻度一邊由厚至薄調整，一邊延伸麵皮。在店裡是裝設於冷藏室內，以徹底控管酥皮的溫度。

麵皮
détrempe

容易製作的份量

A 水（20℃）eau à 20℃　360g

　醋 vinaigre　3.3g

　＊以酸切斷麵筋連結來抑制麵團收縮

　Guerande 鹽 sel de Guérande　20g

　精緻細砂糖 sucre semoule　16.6g

　＊混合後放入冰箱冷藏 10 分鐘

麵粉（蒙布朗／冷藏）

　arine de gruau Mont-Blanc froid　700g

發酵奶油（-10℃）beurre fermenté à -10℃　100g

1 將奶油切成小塊，放入調理盆中。加入
200g麵粉（份量內），以攪拌機中低速摩
擦混拌（砂狀搓揉法）。

2 待奶油粉粒變細後，加入剩餘500g麵粉，
以中速攪拌至變成細小的顆粒，再放入冰箱
冷藏3小時。

3 將攪拌器的攪拌棒換成攪拌鉤，一邊低速攪
拌，一邊倒入預先冷卻的A。

4 以低速混合。倒入水後開始成團。

5 過程中將麵團上下翻面，持續攪拌。因過度
揉捏會出筋，請攪拌至看不見粉粒即可，無
需用力攪拌。

6 大略成團後，移至工作檯。將鬆散的麵團集
結成塊。

7 滾圓後，切出十字刀痕，以塑膠袋包覆，放
入冷藏室鬆弛一晚。

奶油
pâte au beurre

發酵奶油 beurre　800g

麵粉 farine de gruau

蒙布朗 Mont-Blanc　150g

山茶花 Camélia　150g

＊使用常溫麵粉 à température ambiente

準備柔軟度可以以鉤子攪拌的奶油，盡可能於
低溫狀態進行製作。混合奶油和麵粉，以鉤子
攪拌成團（圖1-3）。包覆保鮮膜後鬆弛一晚。

擀開麵皮
abaisser la détrempe

從切口部分壓開已經鬆弛過的麵團。
擴散成長方形後就以擀麵棍擀開並整形。

1 2

包覆麵皮
envelopper la détrempe

1 將奶油麵團通過酥皮機，延伸成厚度
   9mm。以擀麵棍整成長方形。作成比長方
   形麵皮的2倍再稍微大一點。
2 將麵皮放在奶油上，再以奶油包覆麵皮。
3 捏緊接合處，左右側邊也一併捏緊，使其完
   全包覆。放入冷藏室鬆弛1小時左右。放置
   2小時奶油會過硬而難以擀開，請注意鬆弛
   時間。

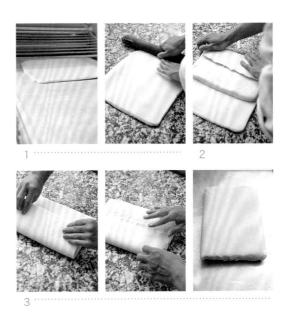

1 2

3

摺疊
plier la pâte

將鬆弛完成的麵皮以擀麵棍敲打延
展後，以酥皮機擀開。再以緩慢調降
薄度的方式分多次擀成9mm厚。三
摺後，再次以擀麵棍敲打延伸，再轉
90度放入酥皮機中擀開，過程中會
有一次四摺。依照P.73的製作流程，
一邊讓麵皮在冰箱中冷卻，一邊改
變方向摺疊。為了避免奶油融化，請
迅速進行。

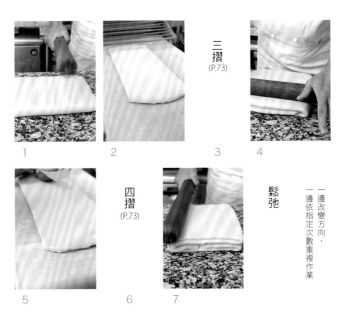

三摺
(P.73)

四摺
(P.73)

鬆弛

一邊改變方向，
一邊依指定次數重複作業

1 2 3 4

5 6 7

75

覆盆子千層派

Mille-feuille framboise

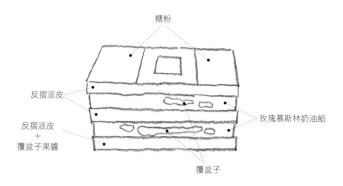

糖粉

反摺派皮

反摺派皮
＋
覆盆子果醬

玫瑰慕斯林奶油餡

覆盆子

是一道將徹底烘烤焦糖化的反摺派皮
與奶油餡完美結合的經典甜點。

反摺派皮的代表點心為千層派。和奶油餡層層堆疊形成豐富的口感，這也是千層派獨有的特色。於徹底烘烤的反摺派皮表面撒上糖粉，使其焦糖化，可品嚐到深奧的奶油和小麥香氣，是一道口感絕佳的經典甜點。

奶油餡使用的是慕斯林奶油餡。雖然也有直接夾入專業卡式達醬的作法，但會因為水分過多，影響派皮的口感。在此混入奶油霜，以減少派皮受潮，並夾入了慕斯林奶油餡，即可徹底烘烤派皮。製作成鬆脆的狀態最為理想。酥皮有很多種烤法，有人採用淺焙的方式，但千層派的口感若不足，無法帶來驚喜。烘烤得不夠徹底，會殘留粉味；烘烤過度，則易產生焦味，也不盡理想。因此烘烤的程度是千層派成敗的關鍵。反摺派皮千層派應該要烘烤到粉味完全消散。

要以千層派展現出個人風格並非容易之事。在慕斯林奶油餡中，加入玫瑰花水和荔枝果汁，醞釀出酸味和帶有異國情調的香氣，再融合覆盆子酸甜，營造出味道的層層深度。這些步驟同時也是為了讓奶油霜在食用時能更加滑順適口。

反摺派皮

pâte feuilletée inversée

完成尺寸為 35.8cm X 8.7cm 寬 3cm 切片

摺派皮 pâte feuilletée inversée
　　350mm X 280mm 厚 3mm　1 片
純糖粉 sucre glace　適量

1　在擀成3mm厚的麵皮上開洞（開氣孔）。
　　反摺派皮容易膨起，請仔細戳洞。
2　以刀子切去邊緣，修整成長方形。
3　放入烤箱，以150℃烘烤至麵皮膨脹，即可
　　出爐。
4　壓上一片烤盤進行二次烘烤。放上烤盤是為
　　了施加壓力，以避免派皮膨脹過度。
5　烘烤20分鐘。烤成帶有烤色的綿密狀態。
6　觀察沒有壓到烤盤的邊緣部分，即可了解未
　　加壓的膨脹度。
7　先將烤箱預熱至230℃。整體均勻撒上純糖
　　粉，再放入烤箱，烘烤2至3分鐘，使表面
　　徹底焦糖化。
8　切去派皮邊緣烤焦部分，裁切成35.8cm X
　　8.7cm，3片一組。

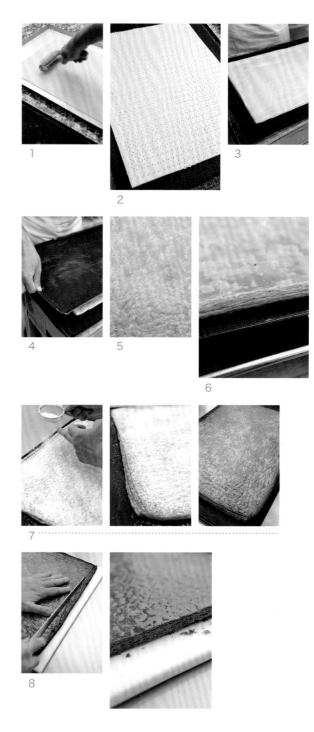

組合
montage

玫瑰慕斯林奶油餡（作法另記）
crème mousseline rose　300g
覆盆子果醬 confiture framboise　50g
＊調整成容易塗抹的濃稠度
覆盆子（碎粒／冷凍）framboises congelées　80g
糖粉 sucre glace　適量

1　先擺上一片酥皮，烤面朝上，塗抹熬煮至濃
　　稠的覆盆子果醬。
2　以2號單排花嘴，將玫瑰慕斯林奶油餡擠在
　　1上方，每片擠上85g。
3　每層鋪上40g覆盆子，並擠上65g玫瑰慕斯
　　林奶油餡。
4　焦糖面朝下重疊上第二片。
5　擠上玫瑰慕斯林奶油餡後，舖上覆盆子，再
　　次覆蓋上玫瑰慕斯林奶油餡。
6　抹平奶油餡表面。
7　將最上層的酥皮分切成一人份疊在6上。再
　　把側邊擠出的奶油餡乾淨地抹平，再下刀將
　　每一份分切至底部。
8　撒上防潮糖粉作裝飾。

玫瑰慕斯林奶油餡
crème mousseline rose

專業卡式達醬（P.7）crème pâtissière　130g
奶油霜（P.8）crème au beurre　200g
玫瑰水 eau de rose　5.6g
濃縮荔枝果汁 jus concentré de litchi　4.2g

將奶油霜加入專業卡式達醬中混合，再倒入玫
瑰水（圖1）及濃縮荔枝果汁（圖2）。

馬卡龍麵糊（焦糖咖啡）
biscuit macaron caramel café

馬卡龍為蛋白、杏仁粉和砂糖混合製作而成。表面形成皮膜狀，帶有光澤且乾燥，內部則呈現濕黏的口感。在日本說到馬卡龍，馬上會讓人聯想到夾心馬卡龍（Macarons Parisiens），為馬卡龍眾多變化之一。以下要介紹的是使用義大利蛋白霜製作的作法。義大利蛋白霜的氣泡強韌且穩定，水分較少，完成品呈現較無光澤的乾燥狀態，因此加入化水的液體蛋白，即可兼顧成品穩定性，且能保有濕潤感。但因為水分增加，需在蛋白霜中，加入乾燥蛋白以補強氣泡。另外要特別介紹壓拌混合麵糊macaronnage，這是製作馬卡龍麵糊不可或缺的重要訣竅。一邊適度壓破氣泡，一邊混拌，攪拌的狀態即為馬卡龍的成敗關鍵。

直徑45mm的馬卡龍　150個份

杏仁 TPT tant pour tant
　杏仁粉 poudre d'amande　250g
　糖粉 sucre glace　250g
　＊分別過篩2次
義大利蛋白霜 meringue italienne
　蛋白 blancs d'œufs　95g
　精緻細砂糖 sucre semoule　25g
　乾燥蛋白 blancs d'œufs déshydratés　2g
　糖漿 sirop
　　精緻細砂糖 sucre semoule　225g
　　水 eau　75g
蛋白 blancs d'œufs décongelés　113g
　＊預先將冷凍蛋白解凍放置於常溫
Trablit 咖啡精
　extrait de café liquide Trablit　2.35g
色素（咖啡色）
　colorant（brun caramel）　0.2g

製作流程

製作義大利蛋白霜
↓
將杏仁 TPT 和蛋白液混合
↓
壓拌混合麵糊（macaronnage）
↓
擠出

1 將乾燥蛋白與精緻細砂糖充分混合後，加入蛋白中打發。

2 打發後倒入加熱至121℃的糖漿。

3 再確實打發至能拉出挺直的尖角。

4 將杏仁粉和純糖粉一起放置於常溫之中。

5 充分混合步驟4。

6 將混入香精的蛋白霜加入5。製作成咖啡口味（P.82）。

7 為使TPT吸收蛋白，請以刮板摩擦混拌。

8 加入尚有餘溫的義大利蛋白霜（47℃至48℃）。

9 適度壓破氣泡，從底部摩擦混拌macaronnage。

馬卡龍的擠出方式

將麵糊擠成大小平均的圓形。擠在印有尺寸的烘焙墊上可方便作業。

為了讓擠出的馬卡龍麵糊表面攤平，請輕輕敲打烤盤背面。

焦糖咖啡馬卡龍
macarons caramel café

　　是一款夾入帶有焦糖咖啡香餡的成熟感馬卡
龍。因馬卡龍的糖分較多，建議以海藻糖取代奶
油霜用糖，以降低甜度，使餘味清爽不膩。馬卡
龍表面光滑，也被稱為Macaron lisse（光滑的法
文：lisse）。在烘烤前，以乾燥的方式讓麵糊中
的糖分結皮；烘烤時，溢出形成美麗的裙襬。看
似簡單，失敗率卻很高，若不熟練，可能會在烘
烤階段裂開。裂開的原因可能是麵糊溫度太低、
水分過多，亦或表面不夠乾燥。因此需事先將材
料回溫、確實打發義大利蛋白霜趁熱混拌，且確
實放置乾燥至按壓表面，不會沾黏手指的程度，
每個步驟都環環相扣，十分重要。

馬卡龍麵糊（焦糖咖啡 P.81）
　pâte à macarons caremel café
夾餡 1 個的份量
　焦糖咖啡奶油餡　crème au caramel café　6g
　咖啡焦糖醬　caramel café　2g

馬卡龍麵糊的調味

以Trablit（圖1）或色素（圖2）上色、增添風味
時，加入打散的液體蛋白混合。

烘烤

1　擠出馬卡龍麵糊，輕敲烤盤使其攤平（參考
　　前頁）。靜置於22℃至23℃處30分鐘使表
　　面乾燥，待表面結皮後，再放入打開熱風的
　　烤箱，以140℃烘烤8分鐘。

2 調換前後位置，續烤4至5分鐘。有時會因烤箱的風量過強而破裂，請視烤箱的特性進行調整。

3 出爐後，立即移至網架上冷卻。若一直放在熱烤盤上，餘溫會使水分蒸散而間接影響口感。

3 ....

組合
montage

在單片馬卡龍上擠上焦糖咖啡奶油餡，並於中央處擠入咖啡焦糖醬（圖2），再疊上另一片馬卡龍。

1 2 3

咖啡焦糖醬
caramel café

鮮奶油（乳脂含量35%）
　crème fraîche35%MG　150g
精緻細砂糖　sucre semoule　100g
即溶咖啡　café soluble　2.5g

1 將即溶咖啡融入熱鮮奶油中並混合。
2 精緻細砂糖放入鍋中加熱，製作濃稠焦糖。倒入1停止焦糖化，一邊充分混合，一邊收乾至202g。
3 移至調理盆中冷卻。

咖啡焦糖醬

1 ....

2 ....　　3

焦糖咖啡奶油餡
crème au caramel café

咖啡焦糖醬　caramel café　70g
海藻糖奶油霜　crème au beurre Toreha　100g
　義大利蛋白霜　meringue italienne
　　蛋白　blancs d'œufs　60g
　　糖漿　sirop
　　　海藻糖　trehalose　120g
　　　水　eau　適量
　奶油　beurre　300g

以P.8的方法製作奶油霜，並與咖啡焦糖醬混合（圖1至3）。直接以海藻糖取代精緻細砂糖使用即可。

焦糖咖啡奶油餡

1 2 3

小麥粉達克瓦茲麵糊
pâte à dacquoise

在法式蛋白霜中混入杏仁粉和糖粉，製作成達克瓦茲麵糊。一般甜點店常使用大量的蛋黃製作甜點，如何利用剩餘蛋白再烘焙，就成為大家所面臨的課題。使用蛋白製作的達克瓦茲經改良後，成為了半常溫點心（半生洋菓子）主力商品，不僅具有人氣，同時能消耗蛋白用量。成功關鍵在於是否保有麵糊的氣泡，而製作的速度最為重要。為了維持氣泡，亦加入了乾燥蛋白，但乾燥蛋白容易產生沉重的口感，在此借助伊那寒天之力，維持輕盈的口感。不但不易塌陷，麵糊也可以毫不浪費地全部用完。在撒兩次糖粉之間，等待砂糖確實浸透到麵糊裡產生並薄膜，則是達克瓦茲好吃的關鍵。

70mm x 44mm的達克瓦茲模　12片份

蛋白霜　meringue
　蛋白　blancs d'œufs　100g
　A
　　精緻細砂糖　sucre semoule　30g
　　乾燥蛋白
　　　blancs d'œufs déshydratés　2g
　　伊那寒天 C-300（P.122）
　　　agar-agar'INAGEL'　2g
杏仁 TPT　tant pour tant
　杏仁粉　poudre d'amande　60g
　糖粉　sucre glace　60
低筋麵粉　farine　12g
純糖粉（撒2次）sucre glace pur　適量

製作流程

```
製作法式蛋白霜
↓
混合蛋白霜和杏仁 TPT
↓
塑型
↓
撒上糖粉
↓
（使其滲透）
↓
撒上糖粉
↓
（使其滲透）
↓
烘烤完成
```

1 以高速打發蛋白。撒入一撮精緻細砂糖穩定氣泡。

2 打至六分發時降至中速，一點一點地加入A並同時打發。

3 製作出細緻且可以拉出挺直尖角的蛋白霜。

4 加入杏仁TPT混合。

5 迅速動作以防止結塊，混合成蓬鬆的狀態。

6 在烤模中擠入5的麵糊，以抹刀抹平表面，使表面清潔。

7 移開模型。若麵糊的狀態良好，可乾淨地移除側面沾黏部分。

8 在表面均勻撒上純糖粉，待糖粉滲入麵糊融合為一體。

9 表面出現光澤後，即表示融合完成。再撒上第二次糖粉，並再次等待融合。

10 放入烤箱，以175℃烘烤12分鐘。滲入的糖粉會形成皮膜。

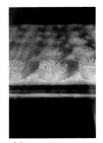

11 若溫度過高，表皮會過硬而影響口感，請多加留意控溫。

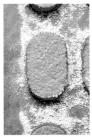

12 烤至蓬鬆柔軟，成色漂亮即完成。

米粉達克瓦茲麵糊
pâte à dacquoise au riz

以米粉製作達克瓦茲的嶄新構想，替達克瓦茲帶來了前所未有的口感。因米粉不含筋性，麵糊中會變得鬆脆。相較於麵粉製作的獨特彈性，米粉餅皮則是擁有在口中崩散的輕盈感。不易結塊、具穩定性，較容易操作也是一大優點。米粉的香氣較不明顯，可襯托出副食材的風味，因此適用於製作各種變化口味。

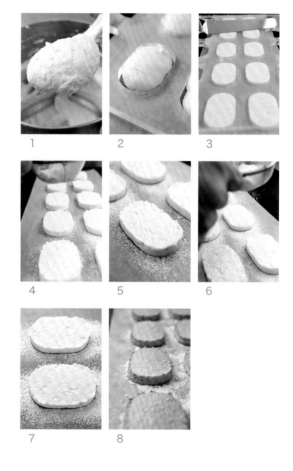

1   2   3

4   5   6

7   8

70mm x 44mm達克瓦茲模　12片份

蛋白霜 meringue
　蛋白 blancs d'œufs　100g
　A
　　精緻細砂糖 sucre semoules　30g
　　乾燥蛋白
　　　blancs d'œufs déshydratés　2g
　　伊那寒天 C-300 agar-agar'INAGEL'　2g
杏仁 TPT tant pour tant
　杏仁粉 poudre d'amande　60g
　糖粉 sucre glace　60g
糕點專用米粉（群馬製粉 Riz Farine）
　farine de riz　18g
純糖粉（撒2次）sucre glace pur　適量

米粉麵糊和麵粉麵糊的烘烤方式相同。但米粉麵糊糖粉滲入較快，容易結膜，烤色也比麵粉淺。

【失敗因素】
雖然在製作達克瓦茲時，要盡量避免弄破氣泡，但還是需要和杏仁TPT充分混合，且需以刮刀抹平。若不確實打發蛋白霜並快速作業，成品容易裂開且過硬。

蛋白霜的氣泡太脆弱
會造成表面裂開是因為氣泡太脆弱。若打發不足，麵糊較容易流動，呈現黏稠的口感，表面也會裂開。攪拌過度也會有相同情形。

撒糖粉的方式
糖粉的量若撒過多，出爐後會留下白色糖跡，無法烤出美麗的成品。且成分帶有玉米粉的非純糖粉也會因為無法滲入融合而殘留於表面。

帕林內達克瓦茲
dacquoises praliné

　　這是一款夾入帕林內奶油餡的基本款達克瓦茲。達克瓦茲擁有小麥香氣和特別的口感,很適合夾入較濃郁的內餡。在帕林內中添加帶有苦味可可膏,呈現出味道的層次感。

保有大氣泡的達克瓦茲餅皮,化口性極佳。並以適當的比例夾入豐厚的帕林內奶油餡。

帕林內奶油餡
crème praliné

> 奶油霜(P.8) crème au beurre　300g
> 杏仁帕林內醬 praliné d'amande　100g
> 可可膏 pâte de cacao　40g

1　將可可膏隔水加熱融化,和杏仁帕林內醬混合。
2　和一部分的奶油霜混合。
3　倒回剩餘的奶油霜中,攪拌均勻。

組合

在P.85達克瓦茲餅皮朝下面擠上8g奶油餡,再重疊上另一片。以手輕壓使其緊密貼合。

米粉達克瓦茲 覆盆子

在覆盆子餅皮中夾入酸味較強的5g覆盆子奶油餡和3g酸甜覆盆子果醬。

米粉達克瓦茲 檸檬

檸檬蛋黃醬以P.57綠檸檬奶油餡的方法,將175g全蛋和210g精緻細砂糖摩擦混拌,加入140g檸檬汁後加熱,再與過篩的262g奶油混合均勻。

米粉達克瓦茲 巧克力

沸騰的鮮奶油倒入巧克力中使其溶解,製作巧克力奶油餡。再和轉化糖、香橙干邑甜酒和香橙果泥混合後放置冷卻。由於味道濃郁,請斟酌用量。

米粉達克瓦茲 抹茶

以抹茶餅皮夾入3g抹茶奶油餡和5g櫻花餡。因抹茶容易吸收水分,造成麵糊不易鬆弛,請加入海藻糖防止縮皺。

米粉達克瓦茲 覆盆子

餅皮

  蛋白霜 meringue
    蛋白 blancs d'œufs 100g
    精緻細砂糖 sucre semoules 30g
  乾燥蛋白 blancs d'œufs déshydratés 2g
  伊那寒天 C-300 agar-agar'INAGEL' 2g
  杏仁粉 poudre d'amande 60g
  糖粉 sucre glace 60g
  甜點專用米粉 farine de riz 15g
  Gourmandise 濃縮果汁（覆盆子）
    gourmandise（framboise） 15g

覆盆子奶油餡

奶油霜（P.8） crème framboise
  覆盆子果醬（P.8） crème au beurre 200g
  覆盆子果醬 confiture de framboise 40g
  檸檬酸 acide citrique 0.3g

覆盆子果醬 confiture de framboise

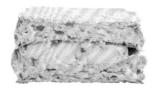

米粉達克瓦茲 檸檬

餅皮

  蛋白霜 meringue
    蛋白 blancs d'œufs 100g
    精緻細砂糖 sucre semoule 30g
  乾燥蛋白 blancs d'œufs déshydratés 2g
  伊那寒天 C-300 agar-agar'INAGEL' 2g
  杏仁粉 poudre d'amande 60g
  糖粉 sucre glace 60g
  甜點專用米粉 farine de riz 15g
  檸檬果皮 zeste de citron 0.7g
  黃色色素 colorant（jaunne）

檸檬奶油餡（1個約夾入 8g）crème citron
  檸檬蛋黃醬 lemon curd 100g
  義大利蛋白霜 meringue italienne 100g
  摩洛哥式鹽漬檸檬（5mm 塊狀）dés de
    citron confit 30g

米粉達克瓦茲 巧克力

餅皮

  蛋白霜 meringue
    蛋白 blancs d'œufs 100g
    精緻細砂糖 sucre semoule 30g
  乾燥蛋白 blancs d'œufs déshydratés 2.4g
  伊那寒天 C-300 agar-agar'INAGEL' 2.4g
  杏仁粉 poudre d'amande 60g
  糖粉 sucre glace 60g
  可可粉 poudre de cacao 6g
  甜點專用米粉 farine de riz 16g

巧克力奶油餡（1個約夾入 5g）crème chocolat
  黑巧克力 couverture noire 150g
  鮮奶油（乳脂含量 35%）crème fraîche 35% MG 150g
  轉化糖 trimoline 30g
  香橙干邑甜酒 Grand marnier 15g
  香橙果泥 pâte d'orange 3g

米粉達克瓦茲 抹茶

餅皮

  蛋白霜 meringue
    蛋白 blancs d'œufs 100g
    精緻細砂糖 sucre semoule 25g
  乾燥蛋白
    blancs d'œufs déshydratés 3g
  伊那寒天 C-300 agar-agar'INAGEL' 3g
  海藻糖 torehalose 12.5g
  杏仁粉 poudre d'amande 60g
  糖粉 sucre glace 60g
  抹茶 Matcha 2.5g
  甜點專用米粉 farine de riz 11g

抹茶奶油餡 crème Matcha
  奶油霜 crème au beurre 300g
  抹茶 Matcha 57g

傑諾瓦士蛋糕
pâte à génoise

又稱為海綿蛋糕。以全蛋打發，再加入麵粉和融化奶油的全蛋製作傑諾瓦士蛋糕，其最大魅力在於柔和的風味和濕潤的口感。製作關鍵為使用隔水鍋bain-marie將蛋進行隔水加熱，這道程序是為了讓蛋飽含空氣。冬天加熱至40℃左右；夏天約加熱至35℃後，再開始打發。全蛋打發容易消泡，所以從拌入麵粉至放入烘烤皆須快速操作。若使用冰冷的麵粉會使蛋糕體萎縮，因此製作前將麵粉放置於烤箱附近等小細節，都關乎是否能作出完美的成品。

直徑 12cm　2 個份
全蛋 œufs entiers　106g
蛋黃 jaunes d'œufs　28g
精緻細砂糖 sucre semoule　74g
低筋麵粉 farine　69g
奶油 beurre　18g
　＊隔水加熱融化
蜂蜜 miel　4.5g

製作流程

全蛋、蛋黃
↓
精緻細砂糖
↓
（隔水加溫）
↓
低筋麵粉
↓
融化奶油
↓
烘烤

1 將全蛋和蛋黃一起打散，再加入精緻細砂糖和蜂蜜，隔水加熱。

2 放入攪拌機中，以高速攪打。

3 以高速打至七分發時轉中速，讓氣泡細密。

4 將低筋麵粉從高處一口氣加入，混合均勻。

5 在融化奶油的調理盆中加入一部分麵糊混合。

6 將5的麵糊倒回調理盆中，快速攪拌。

7 一邊以刮刀從底部撈拌，一邊同時旋轉調理盆，可以有效率地混合。

8 倒入準備好的烤模中，立即放入烤箱。以170℃烤25分鐘。

9 從工作檯上方摔落，震出蛋糕內部的熱空氣，再倒扣冷卻，使表面平整。

【烤模的準備】
見P.63預先將烤模鋪上烘焙紙，麵糊混拌完成後，可立即倒入並抹平。

【優秀的成品】
傑諾瓦士蛋糕以烤得充分膨脹、飽含氣泡，且具有彈性的成品為佳。

草莓鮮奶油蛋糕

gâteau aux fraise

　　草莓鮮奶油蛋糕是我成為甜點師傅的原點。被雪白鮮奶油包覆的傑諾瓦士蛋糕，悄悄地在口中融化，淡淡的草莓香氣和甘甜酸味稍縱即逝，這是一款帶來甜美夢境的夢幻甜點。為了襯托傑諾瓦士的蛋香，在第一層塗上卡式達鮮奶油醬，比起全奶油製作更加柔和溫暖。我製作的香提鮮奶油並非是只使用高脂肪鮮奶油的單一奶油餡，而是使用重視水嫩感的自創配方（P.8）。在放上餐桌時，為避免乾燥不外加擠花裝飾，取而代之的是較厚的表面塗層來保有奶油餡的濕潤感。雖然草莓鮮奶油蛋糕是最受歡迎的蛋糕款式，但製作時無法在前一晚預先準備任何部分，全部都必須要在當天現作完成。或許正是因為這樣新鮮的美味，才能牢牢抓住許多人的心吧！草莓的品種選用了帶有酸味的「幸之香」、「紅臉頰」、「女峰」。此款蛋糕的作法可靈活應用於無花果、西洋梨、覆盆子、清見蜜柑、白桃等各種水果蛋糕。

傑諾瓦士蛋糕

pâte à génoise

　　直徑 12cm 的傑諾瓦士蛋糕體　1模

將傑諾瓦士蛋糕底部較硬的部分切除。橫切成3片厚度1.5cm的片狀。

準備奶油餡等配料

　　香緹鮮奶油（P.8）crème chantilly　185g
　　卡式達鮮奶油醬 crème diplomate　65g
　　　專業卡式達醬（P.7）crème pâtissière　60g
　　　香緹鮮奶油 crème chantilly　6 g
　　草莓 fraises　7 顆

準備香緹鮮奶油。於專業卡式達醬中，加入少量香緹鮮奶油，製作卡式達鮮奶油醬。將草莓每切成3片。

1　　　　2　　　　3

4　　　　5　　　　6

組合
montage

1 第一層塗上卡式達鮮奶油醬。
2 放在蛋糕轉檯上,疊上第二片蛋糕,並塗抹香緹鮮奶油。
3 排上切片草莓,堆疊成雙層圓形。
4 像是要溢出來般,大量塗上香緹鮮奶油。
5 疊上第三片,並在上方塗抹大量香緹鮮奶油。將香緹鮮奶油塗厚,可防止乾燥,保持濕潤狀態。

裝飾蛋糕
décoration

1 將第二片和第三片溢出的香緹鮮奶油抹開,以塗抹側面。先以抹刀大略塗抹。
2 以抹刀將蛋糕抹平一周,並將側面修整平滑。
3 立起抹刀邊緣,以細微的移動抹出波浪狀。並將沉積於底部的鮮奶油清除乾淨。
4 在上方抹出放射狀紋路。
5 撒上防潮糖粉。
6 擠上鏡面果膠,並放上白巧克力作裝飾。

裝飾配件
décors

防潮糖粉 sucre glace"codi-neige" 適量
鏡面果膠 nappage neutre 適量
白巧克力裝飾 décors en chocolat blanc 適量
胡椒薄荷葉 menthe poivrée 適量

● 藉由撒上糖粉,使鮮奶油紋路的變化得更加明顯。上方呈現霧面,側面則帶有光澤,使外型有層次質感。

每個小小的常溫點心中，都蘊藏一個大大的宇宙。
選擇對的烤模，可使烤點心的線條和模樣
具有絲毫不輸給蛋糕的存在感。
只要混合麵粉、砂糖及奶油，即可和烤箱攜手完成。
看似簡單的製作過程，卻難以在出爐前預知成敗，
讓我們更不可不去理解每個步驟所蘊含的意義。
一如陶藝家從陶土中引出陶器的質感和觸感般，
製作甜點若沒有同樣的感性與敏感度是不行的。

每個步驟
蘊含的意義

cake à la banane et au caramel

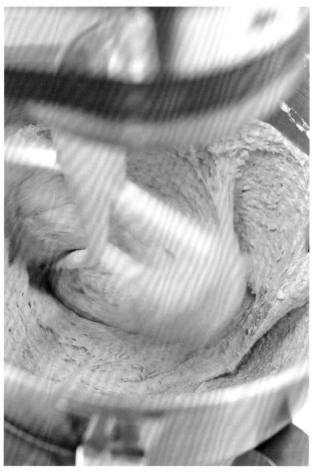

焦糖香蕉蛋糕
cake à la banane et au caramel

165mm x 67mm x 高 70mm 的蛋糕模　2條份

蛋糕麵糊的基本比例為奶油、砂糖、蛋、麵粉1：1：1：2。為了降低甜度而減糖會使麵糊失去濕潤感，也不易維持形狀。在麵糊中加入焦糖時，若以基本砂糖量製作會過於甜膩，因此將40％砂糖替換成海藻糖，以減低甜度。焦糖同時兼具甜味與苦味。不要全部融入麵糊中，殘存顆粒入口時可突顯出焦糖的美好。

香蕉果醬和麵糊接觸時，會液化而混入麵糊中。若加入杏仁粉，會提高比重，使夾層殘留粉味。

焦糖蛋糕麵糊
pâte à cake au caramel

發酵奶油 beurre fermenté　100g
　＊回覆至室溫
糖粉 sucre glace　60g
海藻糖 torehalose 40g
全蛋液 œufs entiers　100g
杏仁粉 poudre d'amande　132g
低筋麵粉 farine　72g
泡打粉 levure chimique　1.6g
焦糖醬 caramel
　水麥芽 glucose　26g
　精緻細砂糖 sucre semoule　86g
　鮮奶油（乳脂含量40%）
　　crème fraîche 40% MG　110g
裝飾 décor
　奶油（明治乳業 無水奶油）
　　beurre déshydraté　100g
　馬爾頓的海鹽 sel de Maldon　10g

香蕉麵糊
appareil à banane

香蕉果醬 confiture de banane　80g
杏仁粉 poudre d'amande　20g

1　在奶油中加入糖粉跟海藻糖，以中速攪拌，拌入空氣。打散全蛋再慢慢加入。

2　在鍋中放入水麥芽和精緻細砂糖混合加熱，呈現明亮的咖啡色時，倒入沸騰的鮮奶油。

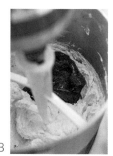

3　在已乳化的1中加入杏仁粉，以低速混合。待降溫後，加入2的焦糖醬。

4　和焦糖醬攪拌均勻，再和泡打粉和低筋麵粉混合。

5　麵糊完成。

6　準備鋪有烘焙紙的烤模，擠入2／3焦糖麵糊。

7
將製作夾心的香蕉果醬和杏仁粉以大動作地切拌。

8
在每一條烤模中央擠入約50g的7，再擠上剩餘1／3的麵糊。

9
以刮刀慢慢將麵糊刮向烘焙紙，使中間凹陷。

10
放入烤箱，以165℃烘烤40至50分鐘。出爐後脫模，倒扣於網架上冷卻。

11
冷卻後剝除烘焙紙，底部朝上切除上方四邊角落。

12
從上方澆淋焦糖糖霜（作法下記）。

13
以抹刀刮落多餘的糖霜，除了底部之外，每個面都要覆蓋糖霜。放入烤箱，以200℃烘烤2分鐘，烘烤至表面乾燥即可。

14
等待冷卻後，裝飾上切成1cm塊狀的奶油，並將馬爾頓的海鹽撒於奶油上方。

香蕉果醬
confiture de banane

香蕉 bananes 100g
海藻糖 torehalose 30g
檸檬汁 jus de citron 3g
香草豆 gousse de vanille 1/10 根
香蕉利口酒（Le Volcan）
　liqueur de banane 0.6g

1
將香蕉切成7mm厚的半圓形，充分裹上海藻糖，撒入檸檬汁和香草豆備用。

2
等到出水後就開火，一邊將水分蒸散，一邊收乾至BRIX（糖度）58度。呈現濃稠狀即可。

3
熄火並等待降溫後，加入香蕉利口酒混合均勻。靜置冷卻。

焦糖糖霜
glace à l'eau caramel

糖粉 sucre glace 100g
焦糖 caramel 40g
　精緻細砂糖 sucre semoule 40g
　水 eau 120g

1
加熱精緻細砂糖，煮至變成深焦糖色時，加入沸水混合，並使其冷卻。

2
將焦糖倒入糖粉中，一邊控制焦糖量，一邊混合。

3
製作成具有延展性，呈現明亮咖啡色的糖霜即可。剩餘的糖霜可加入糖粉和焦糖繼續使用。

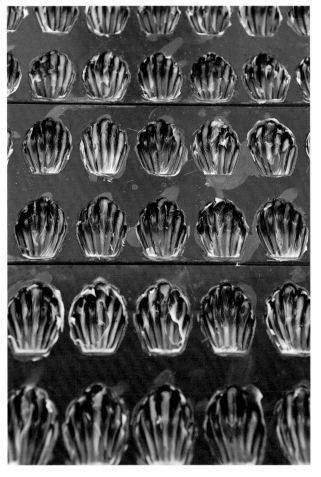

petites madeleines

cake à l'orange

迷你瑪德蓮
petits madeleines

42mm x 31mm 90 連模　1盤份

全蛋 œufs entiers　166g
蜂蜜 miel　29g
香草醬 pâte de vanille　0.6g
奶油 beurre　156g
低筋麵粉 farine faible　156g
泡打粉 levure chimique　3.4g
精緻細砂糖 sucre semoule　115g
磨碎檸檬皮 zeste de citron râpée　0.5g

塗抹烤模用奶油
　　beurre pour de moules　適量

瑪德蓮是一款相當重視奶油香氣的甜點。不僅是麵糊，塗在烤模上的奶油也會大大左右成品的香氣。將回復至室溫的柔軟奶油塗抹於烤模上，烘烤時會被麵糊吸收，可增添光澤和風味，烤色也會十分美麗。若使用融化奶油，則會沉積在烤模底部，造成烤色不均，也不易被麵糊吸收。因此烤模的材質也是重要的一環，金屬烤模才能烤出漂亮的線條。製作時要特別留意的是，冰鎮金屬模，及混拌麵糊產生筋性。將產生筋性的麵擠快速入模後烘烤，中間的肚臍就會漂亮地膨脹。

加入麵糊中的奶油溫度以40℃最佳，過熱會把蛋煮熟而難以擠出。

烘烤的溫度和時間請依烤箱的特性進行微調。一般烤箱以上火260℃、下火220℃烘烤6分鐘；旋風烤箱則是200℃至230℃烘烤5分鐘為基準，但是一次烘烤一盤與烘烤數盤所需的烤溫和時間也會有些許不同。無論使用哪種烤箱，技巧都在於高溫短時間烘烤。低溫無法將麵糊烤得濕潤，且時間過長也會使成品乾燥且堅硬。

1　將放置在室溫下軟化的奶油塗抹在烤模上，再將烤模放入冷藏。

2　將精緻細砂糖、低筋麵粉、泡打粉放入調理盆中混合，並加入打散的全蛋液。

3　像研磨般用力混合，使麵粉出筋。在烘烤時可清楚的印上烤模的線條。

4　用力混合至提起攪拌器時，麵糊會緩慢滴落且可畫出線條的狀態。

5　將奶油、蜂蜜和香草醬一起隔水加熱混合。待降溫至40℃時，加入4中。

6　加入磨碎的檸檬皮混合均勻，充分出筋後，立即擠入模中。

7　在預先冷藏的烤模中擠入麵糊。在貝殼中擠至九分滿。

8　放入烤箱，以230℃烘烤5分鐘。過程中烤盤需前後對調，均勻烘烤。

9　放上網架後，倒扣脫模，並排列於網架上，放置冷卻。

香橙蛋糕
cake à l'orange
370mm x 80mm x深 50mm 的管式模 3 條份

●為了避免加入蛋後，讓麵糊過於濃稠，必要時可以噴火槍溫熱調理盆。

奶油 beurre　307g
生杏仁膏
　　pâte d'amande supérieure　192g
精緻細砂糖 sucre semoule　179g
轉化糖 trimoline　8.6g
全蛋 œufs entiers　230g
蛋黃 jaunes d'œufs　77g
A｜香橙片 tranches d'orange　258g
　｜香橙塊 dés de pulpe d'orange　140g
　｜香橙果泥 pâte d'orange　5.8g
　｜美食家濃縮糖漿 香橙 gourmandise
　｜　orange（sirop concentré）24.6g
低筋麵粉 farine　225g
杏仁粉 poudre d'amande　25g
泡打粉 levure chimique　3.6g

1　將生杏仁膏放入攪拌機，攪打至柔軟後，加入精緻細砂糖，再放入奶油和轉化糖混合。

2　打散全蛋和蛋黃，慢慢加入1中。打至泛白後，加入杏仁粉攪拌均勻。

3　將A的材料在調理盆中混合均勻。為了防止分離，請先將材料回溫至和麵糊相同溫度。

　　在充滿橙香的蛋糕體中，加入了生杏仁膏，創造出奶油所無法超越的濃郁和香氣。生杏仁膏是杏仁與砂糖比例為2：1的膏狀產品，含油量高，可增添蛋糕的濕潤感，經放置一段時間，依然可以享受到濕潤口感。 為了引出香橙純粹的酸味，奶油不選擇發酵奶油，而是使用香氣較淡的甜點專用非發酵奶油，以避免味道相互干擾。香橙則使用了切片和塊狀，賦予口感變化，再以濃縮糖漿和果泥加強風調，使味道不會過於單調。

　　使用烤箱製作的點心，水分蒸散程度，與追求的質感及成品的結果息息相關。並非單純依照指定時間烘烤，須細心視情況調整。

4　在2的麵糊中加入3的香橙類拌勻。並加入粉料混合均勻。

5　混合好的麵糊。使香橙類與麵糊均勻混合是很相當重要的步驟。請避免底部的麵糊結塊。

6　在管式模中鋪好烘焙紙。每條烤模以長杓輕輕倒入約550g的麵糊。

7　以刮刀抹平麵糊，使其緊貼烘焙紙。因中間部位容易膨脹隆起，為了烤出平整的表面，請使中央凹陷。

8　放入烤箱，以130℃烘烤約80分鐘。出爐後為了不讓烤模的餘溫蒸散水分，請立刻脫模降溫。

9　降溫後剝除烘焙紙，分切成寬1.8cm。

米粉沙布列
sablés riz

奶油 beurre　320g
精緻細砂糖 sucre semoule　130g
香草精 extrait de vanille　1g
糕點專用米粉（群馬製粉 Riz Farine）
　　farine de riz　130g
低筋麵粉 farine　440g

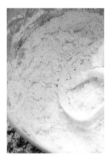

1 在奶油中加入精緻細砂糖後混合，再加入香草精、米粉和低筋麵粉，攪拌均勻。

2 加入米粉後，因沒有筋性而呈現鬆散狀態，須花較長時間攪拌，使其以麵粉的力量連結。

3 混拌完畢。呈現鬆散的粗大顆粒，尚無法成團。

4 以保鮮膜包覆成團，放入冷藏室鬆弛半天。

5 將鬆弛好的麵團放在工作檯上，一邊揉捏，一邊漸漸聚集。若製作大量時，亦可使用成型機製作。

6 成團後以刮板分切並再次揉捏。

我自認為是米粉甜點的一大推手，在推廣期可說是震撼了洋菓子界呢！上新粉是從前就有的食材，透過群馬製粉的協助，誕生了各種糕點專用米粉Riz Farine，也促使許多人氣米粉甜點的興起。米粉沙布列也是其中之一。由於米粉沒有筋性較難成型，正因如此米粉沙布列擁有了麵粉絕對無法作出的口感。為了強調良好的嚼感和細微的香氣，在此採不塗抹蛋液直接燒烤的方式，僅在周圍沾上細砂糖增添顆粒口感。米粉沙布列也代表了我對日本的敬愛及對白米文化獻上崇高的敬意。

7 搓成直徑44mm的長條狀。

8 四周沾上精緻細砂糖。放入冰箱定型。

9 切成8mm厚。放入烤箱，以150℃烘烤約30分鐘。

佛羅倫汀
florentins

香草沙布列
sablés vanille

容易製作的份量
奶油 beurre　272g
酥油 shortening　124g
糖粉 sucre glace　223g
全蛋 œufs entiers　78g
Guerande 鹽 sel de Guérande　1.1g
香草醬 pâte de vanille　5.5g
低筋麵粉 farine　620g

佛羅倫汀糊
appareil à florentin

600mm x 400mm 烤盤　0.5 盤份

杏仁片 amandes effilées　135g
※ 稍微烘烤過備用
奶油 beurre　85g
精緻細砂糖 sucre semoule　85g
鮮奶油（乳脂含量35%）
　crème fraîche 35% MG　27g
水麥芽 glucose　45g
蜂蜜 miel　20g

　　為何餅乾上帶有牛軋糖呢？第一次吃佛羅倫汀時，令我非常感動，不但外表美麗，更擁有讚不絕口的美味，當時還將切邊寶貝地裝入袋中，在睡前珍藏享用，真令人懷念啊！同時也是一道啟發我的烘烤技巧的啟蒙甜點。確實烘烤佛羅倫汀表層，使其焦糖化是相當重要的關鍵。底層的沙布列，在奶油中加入酥油，讓口感輕盈起來。烤得酥脆柔軟，滋味真是絕妙。但須注意麵糊若沒有煮出濃稠度，塗抹後會過稀，請確實熬煮至可沾覆上杏仁片的黏稠度。

香草沙布列

1　將奶油和酥油一起攪拌，並放入糖粉混合。再加入全蛋、香草醬和鹽攪拌。最後一口氣倒入麵粉。

2　確實混合均勻。圖中為混合完畢的狀態。從調理盆中取出。

3　以保鮮膜包覆後，放入冰箱中鬆弛半天。

4　以刮板分切成5cm塊狀，撒上手粉開始揉捏。

5　揉捏成團後，以擀麵棍擀平。

6　擀開成厚5.2mm，並切成烤模尺寸。放入冷藏室鬆弛，連同烤模放入烤箱，以150℃烘烤25分鐘。

佛羅倫汀糊

7　將奶油、蜂蜜、精緻細砂糖和鮮奶油依序放入鍋中煮沸。煮至呈現濃稠狀時，放入杏仁片混合。

組合

8　將7在6的麵團上抹開。放入烤箱，以150℃烘烤30分鐘。

9　趁熱切分成5cm塊狀。

mont fruits rouges

紅果實之丘
mont fruits rouges

蛋白霜 meringue
　蛋白 blancs d'œufs décongelés 100g
　＊解凍的冷凍蛋白
　精緻細砂糖 sucre semoule 20g
A│玉米粉 maïzena 8g
　脫脂奶粉 poudre de lait écrémé 3g
　椰子粉 noix de coco râpé 28g
　精緻細砂糖 sucre semoule 100g
　覆盆子凍乾粉 poudre de framboises
　　lyophilisées 4g
草莓凍乾碎片 fraises lyophilisées 20g

1 打發蛋白，並加入精緻細砂糖製作蛋白霜。

2 將A預先混合。

3 在充分打發的蛋白霜中加入A。

4 以刮刀大圈攪拌，一邊注意不要消泡，一邊混合。

5 放入擠花袋中，以直徑30mm的圓形擠花嘴擠在鋪有烘焙紙的烤盤上。

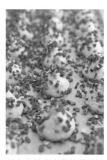

6 從上方撒上大量草莓凍乾碎片。

　　這是一道因為水果凍乾而誕生的蛋白霜小甜點。在此不使用色素，而是以水果的天然色彩讓點心更加多樣化。色彩鮮明的紅果實之丘陳列於賣場之中，同時也能夠映襯周圍的常溫點心。添加脫脂奶粉作為凝固成分的椰子粉等材料可以支撐蛋白霜的氣泡。在Mont St. Clair因大量製作，不使用放置數日的化水蛋白，而使用冷凍蛋白來製作蛋白霜。

7 抖落多餘的草莓凍乾碎片。

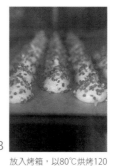

8 放入烤箱，以80℃烘烤120分鐘。

9 若充分烤乾，即可從烘焙紙上漂亮地剝下（右）。若烤得不夠乾燥，則會造成破裂（左）。

布列塔尼酥餅
galette bretonne

奶油 beurre 375g
糖粉 sucre glace 225g
Guérande 鹽 sel de Guérande 3.75g
蛋黃 jaunes d'œufs 81g
蘭姆酒 rhum 38g
低筋麵粉 farine 375g

增色蛋液 dorure
　蛋黃 jaunes d'œufs 30g
　牛奶 lait 8g
　咖啡精 Trablit 0.4g

　　布列塔尼酥餅的奶油含量相當豐富。若不套上模圈，烤出來的面積會過大。蘭姆酒Old Jamaica是奶油最棒的摯友，兩者可創造出難以言喻的餘韻。蘭姆酒是以甘蔗釀製而成，因此品質好的蘭姆酒可與甜點相契合，提昇層次感。當我還是學徒時，還曾經瞞著主廚，不禁誘惑地喝上一杯蘭姆酒，這樣被味覺凌駕理智的往事呢！布列塔尼酥餅最重視的是烤色，因此在增色蛋液中，添加咖啡精使烤色變深。塗色時若塗得太多會烤不出紋路，請盡量不要讓蛋液沉積於表面。塗上一層後，待乾燥再塗第二層，稍微乾燥後，再以叉子迅速劃出紋路。

1 在奶油中加入糖粉和鹽摩擦混拌，再加入蛋。將調理盆四周刮乾淨後，再次攪拌，並加入蘭姆酒。

2 與低筋麵粉混合。

3 將麵團在鋪有保鮮膜的調理盤上推開，雙手沾取手粉揉麵成團。

4 以保鮮膜平整包覆，放入冷藏室鬆弛半天。

5 將冰冷的麵團放上撒有手粉的工作檯上，以刮板分切成5cm塊狀。

6 快速揉合，以避免麵團升溫。

7 以擀麵棍擀平，放入酥皮機中，將麵團壓成13.5mm厚，並放入冷藏室鬆弛半天。

8 以直徑50mm的模圈壓切，塗抹兩次增色蛋液後，等待乾燥，再以叉子劃出紋路。

9 套上直徑6cm的模圈，放入烤箱，以150℃烘烤50至70分鐘。中途烘烤30分鐘時，請取出模圈後再續烤。

糖霜餅乾
sablés glaceés

餅乾 sablés
　甜塔皮 pâte sucrée
　＊以 P.55 的砂狀搓揉法製作

蛋白糖霜 glace royale
　糖粉 sucre glace　100g
　蛋白 blancs d'œufs　15g

色素或 Trablit 咖啡精
　colorant ou Trablit　適量

1　將糖霜的材料混合。

2　充分攪拌混合。調整蛋白的量,一開始先製作較硬的糖霜(勾邊用)。

3　要染色時,將色素溶於蛋白中,再加入2的白色糖霜中。

以糖霜裝飾的可愛餅乾,是一道可以展現甜點師傅繪畫能力的點心。將蛋白和糖粉混合成不易塌陷的硬度,用來勾勒邊緣,再以可流動的軟性蛋白糖霜填滿整面。塗在線條框起的範圍內,軟性蛋白糖霜會因張力而凝結,形成平整漂亮的表面,所呈現雅緻感十分賞心悅目。可靈活運用各種色彩及技法進行創作,例如:線繪、漸層、文字書寫……除了食用色素之外,建議直接使用食材的天然色進行調色,例如熊的咖啡色所使用的咖啡精,也可調出愛心的紅色。和糖雕一樣,混合多種顏色,變化色彩的深度,就是糖霜的玩趣之一。

4　以烘焙紙捲成圓錐狀,再放入2的糖霜。

5　在烘烤完成的餅乾邊緣描邊。以較硬的糖霜描繪一圈。

6　在2中添加少許蛋白,稀釋後放入圓錐中,於內圈描出第二邊。

7　將描邊內部整面擠上糖霜。在5中所描繪的硬線條會使糖霜產生表面張力,形成平整的表面。

8　糖霜依照餅乾形狀調整色彩,並各自塗滿整面。

9　以竹籤的尖端沾取彩色糖霜描繪細部。咖啡色線條則沾取咖啡精描繪。

1998年Mont St. Clair開業於距離自由之丘車站步行15分鐘之處，平日販售有的小蛋糕、整模蛋糕、常溫點心、半常溫點心、甜麵包、夾心巧克力……約150種點心，並可於附設的咖啡沙龍享用。店內是採用可透過玻璃看見廚房的開放式設計，冷藏甜點一日出爐三次，以最新鮮的狀態供應。在本書中所介紹的食譜全部都是Mont St. Clair實際使用的。公開食譜沒有關係嗎？當然沒問題囉！

我出生自石川縣七尾的和菓子店，房間就在廚房上方。在這樣的環境中成長的我，每天在鍋爐的聲音和製作銅鑼燒的香味之中醒來，也有著贏了手足間的比賽而得到試烤餅皮的愉快回憶。雖然近距離地看著傳統和菓子製作，長大後卻奔向了西點的世界。契機是在友人家吃到的草莓鮮奶油蛋糕。充滿空氣的蓬鬆海綿蛋糕和甜的鮮奶油深深打動了我，讓我決定要成為甜點師傅。雖然老家的和菓子店已不復存在，但我想它讓我了解到何謂專業工作，及對特有甜味的感知，也成了我的原點之一。在紅豆餡中加入鹽可以突顯味道且能夠保有餘韻；在巧克力之中加入鹽亦可以產生餘韻，相反的要抑制後味就以水果的酸味調整。若不想讓砂糖過於突顯甜味就使其焦糖化，帶出更有深度的焦苦味。想要減弱奶油的油膩感就打入空氣……諸如此類的西點基礎理論在構築味道時都是不可或缺的參考依據。甜點的世界如此深奧，怎樣思考也不讓人覺得厭煩。

甜點師傅

甜點師傅是相當辛苦的職業。從一大清早忙到深夜，一天16小時……不！是18小時都和甜點共同生活，對這樣的生活，我由衷地樂在其中。若把製作過程當成是耗費體力的工作便會覺得心情沉重，但若視為是自己的理想，覺得和甜點共同度過的時光比任何事情都更有意義，這樣才是人生啊！發現新的食材時雀躍不已，或作出更漂亮的甜點，這樣一點小事也讓我覺得開心。以愉悅的心情製作，甜點也會變得更好吃，不就是如此嗎？

當我剛開始踏入這一行時，想要成為一流的甜點師傅，所以在廚房工作的時間比任何人都長，盡可能增長接觸食材的時間，我深信這些努力會化為專業的一部分而全力衝刺，這樣心情到現在依然沒有改變。不只是製作甜點，在甜點店中沒有一樣工作是多餘的。不論是打掃、收銀或包裝，全部都是為了要讓客人品嚐到美味甜點的重要工作。因此在Mont St. Clair中有著以下的8條守則：

1　講話聲量要讓對方聽得見
2　要經常保持微笑
3　要站在客人的立場思考後行動
4　不要怪罪於人
5　不只是要提升自己，要以大家共同努力工作為目標
6　無論對誰都能夠打招呼
7　了解公司整體狀況再行動
8　努力提升業績

營業部和廚房是一體的，建立容易溝通的環境是一間好店所不可或缺的必要條件。師傅之間不只要交流學習甜點技術，材料的進貨下單及商品說明等都要多費心思。若不是從年輕時就經歷過的過程，等到自己獨立成為主廚時，就無法正確教育員工；若當上了老闆兼主廚時，不只要製作甜點還要負責營運，屆時培育人才、薪水計算和建立品牌等各式各樣的工作，如何才能不手忙腳亂呢？讓自己的甜點店生意興隆、長久經營並非簡單之事，一定要多方學習。

Mont St. Clair 的 8 守則

色彩繽紛的蛋糕櫃、讓人心情愉悅的接待、享用時令人回味無窮的美味，這是甜點店必備的服務。除此之外，成本管理當然也是十分重要的課題。在Mont St. Clair哪一款高成本甜點，我相信甜點師傅一看就會知道。正是大量使用了開心果的「西西里」。毫不手軟地使用了一公斤要價一萬日圓的高級開心果製作，因此單個蛋糕並不符合成本。

一個西西里的成本計算
　　售價430日圓（含消費稅451日圓）
　　成本280日圓　成本比例65%

標準的成本比例設定為35%，雖然知道不論如何都會超過，但推出對食材相當堅持的原創甜點時，需要很大的勇氣。也有人對於成本比例35%有所誤解，若審視整間店面，由人事費、水費電費、店租和包材費等都是無形的支出，35%所得的利潤很一般，大約只和餐廳差不多。雖然甜點店在聖誕節或情人節等旺季，會忙得不可開交，但相比之下，夏天則屬於淡季，要一整年生意興隆並不容易。因此必須依照四季更換季節限定商品，並繼續堅持製作新鮮且讓人還想再品嚐的美味甜點。

西 西 里 的 成 本 計 算

迷戀食材並與食材交心，正是活用此食材製作甜點的不二法門。若無法用心去了解食材本質，就無法製作出美味甜點。在Mont St. Clair每天要製作12kg的專業卡式達醬，需要使用約120個蛋。將新鮮的「那須的御養蛋」一個一個打破，分開蛋黃與蛋白，分別來製作專業卡式達醬、麵糊或蛋白霜。那須的御養蛋，特徵在於蛋黃顏色較深，風味佳且品質穩定。在日本可藉由低溫宅配送到店裡也是令人放心的優點之一。確實控管溫度對於維持蛋的新鮮為最重要。通常在甜點店中使用蛋黃較多，常會剩下大量的蛋白，但在Mont St. Clair達克瓦茲或馬卡龍這類的蛋白霜點心是熱銷甜點，因此不會剩餘新鮮的蛋白，且使用Kewpie冷凍蛋白，經過殺菌也比較衛生，經冷凍後，破壞組織而化水也是其優點。在法國的衛生規定相當嚴格，到了只能使用冷凍蛋液的標準。

香草豆使用大溪地所產。在樹上完熟的香草豆，帶有強烈芬芳的香氣，讓人聯想到南國香甜的水果呢！

奶油則分別使用了高梨乳業的無鹽奶油、無水奶油，及明治乳液的發酵奶油。

在本書中盡可能記載巧克力或麵粉等食材的品牌，用意在於什麼目的使用怎麼樣的食材，會呈現出怎樣的風味，我認為可以藉此提供按圖索驥的方向。基礎食材不同，甜點理所當然的會呈現不同味道，可以依照個人喜好調整食材。

最重要的還是感受食材。在混拌食材同時，也能與食材交流。所謂的達人就是在重複多次相同作業的同時，身體會自然產生律動。如此一來，即使不用言語去思考，便與食材有了交互的默契。食材自然會告訴你最美味的時機，真是太好了！

如 何 和 食 材 交 流

砂糖是點心的根基，希望您在閱讀本書時，可以特別注意砂糖使用方式。光是製作蛋白霜，將砂糖慢慢地加入與一口氣加入，所作打發出的氣泡大小和完成的蛋白霜硬度就會完全不同，甚至能決定蛋白霜所作出的蛋糕是否能吸收糖漿（P.16）。點心的甜度並非只以砂糖的用量來決定，和副食材之間的平衡也會改變味覺的感受。若活用水果的酸味，會變得清爽且不易感到甜膩；巧克力由於本身含有砂糖，製作時須依照所含的砂糖比例調整砂糖的用量。亦可將部分砂糖替換成蜂蜜、轉化糖或海藻糖等甜味劑，也可改變甜味的單一性。我所製作的甜點常被稱讚甜味很清爽，改善口感並非一味地減糖，而是以搭配食材的方式控制味蕾的感受。

學會活用轉化糖及凝固劑等新領域的食材，即可研發出新的甜點。例如GEL DESSERT是介於吉利丁和果膠之間的食材。在常溫中，可以維持水嫩感。像飯店的餐後甜點這種一次需要大量製作約150人份時，歷經長時間作業，以吉利丁製作則不易維持形狀，使用GEL DESSERT就可以補足形狀崩塌的問題。其他還有將萃取自寒天的伊那寒天加入蛋白中的作法，大量製作蛋白霜點心時，可以維持製作的穩定性。隨時汲取新食材的資訊，才能盡可能拓展甜點的可能性。

減糖就比較不甜？

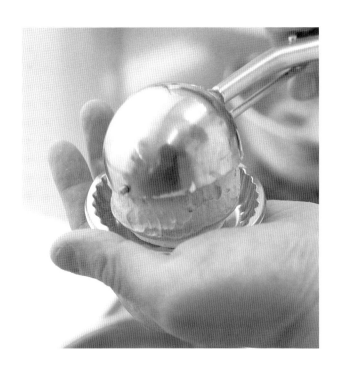

甜點師傅的天敵

比選擇食材更重要的是直至甜點售出前的保存環境。即使成品在新鮮狀態下完美呈現，也會隨著時間、溫度或照明等因素而老化，並產生氧化的味道。食材是有生命的，無法長久保持在最佳的狀態。從冰箱中取出食材，若非當場使用的擺盤甜點，而是放在蛋糕櫃中的甜點而言，環境的變化是大敵，也是甜點師傅的天敵。特別是較高的濕度會影響口感，因此必須縮短製作時間，只能不厭其煩地加速製程。

對現代人而言，甜點除了好吃之外，輕盈感也是大家所追求的。不只是輕盈化口，濕潤度也相當重要。例如在奶油霜中加入安格斯醬時，由於水分比例增加（P.138）乳化呈現不穩定的狀態，但卻能帶來濕潤美味的口感。像這樣的配方是只有新鮮現作供應的Mont St. Clair才可以完成的技術，我希望透過本書能夠讓您體會到簡中的道理。

原創甜點是一種代表品牌的產物。
甜點師傅的品牌記錄著所有工作的軌跡。
秉持著甜點師傅的堅持與信念，
認真審視著每天的工作。
而原創甜點中帶有我的回憶，
自從立志要成為甜點師傅開始，
所相遇的人們及發生的事情
點點滴滴都刻劃在食譜之當中。
因為想成為一流的甜點師傅
而踏入這個世界的您，
務必在原創甜點中放入屬於您的回憶。

甜點的
原創性

西西里

Sicile

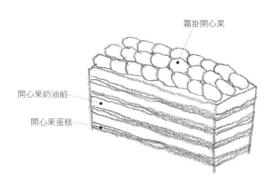

霜掛開心果

開心果奶油餡

開心果蛋糕

以奶油蛋糕作為華麗的舞台
經典呈現開心果的豐盈滋味

　　開心果給我最初的印象是在法國的艾克斯‧普羅旺斯所吃到的泡芙塔。開心果冰淇淋餡和泡芙皮完美結合，我被這道甜點的獨特風味深深吸引，至今仍難以忘懷。當初的感動，帶來了「西西里」的製作靈感。由於開心果是相當昂貴的食材，會使用的店家並不多。但深深被開心果魅力吸引的我，想要大量使用開心果來製作甜點。雖然很奢侈，但無論是蛋糕、奶油餡或霜掛堅果，都能以西西里所產的開心果作製作，不正是最令人開心的事嗎？

　　當以單一食材作為甜點主軸時，在設計時盡可能讓人感受到食材的各種面貌。舉例而言，雖然僅以開心果慕斯來點綴蛋糕也OK，但味道上卻顯得平淡無奇。將蛋糕體和奶油餡重疊，製作成「歌劇院」般的多層蛋糕，是能引出單一食材最大魅力的方式。以開心果製作的蛋糕，越嚼越能夠感受到堅果的油脂，在柔滑的奶油餡中，和卡式達醬混合的開心果泥，也能在口中綻放溫潤、芬芳的香甜。而霜掛開心果成為這道甜點架構中的骨幹，酥脆的口感賦予這道甜點活躍的生命力。

　　開心果鳩康地蛋糕因添加了生杏仁膏和開心果泥，比重較為厚實。為了防止分離，在蛋白霜中加入了少許的伊那寒天，不但有穩定蛋白霜的作用，也能夠讓鳩康地蛋糕較不易受潮，以維持彈性。

伊那寒天C-300
萃取自寒天的安定劑，通常加入使用蛋白的蛋糕體中。對於需要製作大量的甜點店而言，不但可使麵糊順利製作不消泡，在增加成品良率上也有很大的幫助。

開心果鳩康地蛋糕 400mm x 600mm 烤盤一盤份

biscuit joconde à la pistache

生杏仁膏 pâte d'amande supérieure 176g
開心果泥 pâte de pistache 55g
全蛋 œufs entiers 80g
蛋黃 jaunes d'œufs 80g
精緻細砂糖 sucre semoule 20g
蛋白霜 meringue
　蛋白 blancs d'œufs 128g
　伊那寒天 C-300 INAGEL "agar-agar" 5g
　精緻細砂糖 sucre semoule 65g
低筋麵粉 farine 40g
奶油 beurre 25g
牛奶 lait 30g

1 以攪拌機將生杏仁膏攪拌至柔軟。
2 加入開心果攪拌混合。
3 加入顆粒狀精緻細砂糖。
4 將全蛋和蛋黃混合打散，慢慢加入。
5 途中將攪拌機暫時移開，使開心果泥和蛋充分乳化。
6 再繼續加入蛋液。
7 攪打至細緻柔滑。攪打時請刮開缸底、攪散結塊，使其完全乳化。
8 請攪打至沒有任何結塊。
9 由於加入了生杏仁膏製作，麵糊容易附著於攪拌棒上，請以刮刀仔細刮下，製作毫無結塊的麵糊。
10 請將攪拌機旋轉而導致調理盆周圍附著飛散的麵糊清理乾淨，並混合均勻。

在混合開心果泥時，以另一台攪拌機打發蛋白霜。

11 在蛋白中加入一撮精緻細砂糖，開始打發。
精緻細砂糖事先和伊那寒天混合均勻。

12 當體積膨脹時，即可將剩餘細砂糖加入打
發。

13 在10中加入一半的蛋白霜輕輕混拌。

14 加入低筋麵粉混合均勻。

15 將剩餘蛋白霜，從底部翻拌混合均勻，動作
請小心不要消泡。

16 在調理盆中加熱牛奶和奶油，再加入少許
15的麵糊混合。

17 在15中加入16，並攪拌均勻。

18 完成柔滑細緻的麵糊。

19 倒入烤盤中，以抹刀抹平，並將附著於烘焙
紙邊緣的麵糊擦拭乾淨。

20 完成為具有光澤和份量感的麵糊。放入烤
箱，以180℃烘烤12分鐘。

21 出爐後，蛋糕體帶有漂亮鮮明的果綠色。

11   12

13   14

15   16

17

18

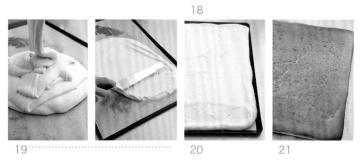

19   20   21

開心果奶油餡 9cm寬 x 60cm 1 層約使用 135g

crème pistache

專業卡式達醬（P.8）
    crème pâtissière　375g
奶油　beurre　97g
開心果泥　pâte de pistache　83g

1　將開心果泥加入回復至室溫的奶
　　油中，攪打至無結塊。
2　在1中加入專業卡式達醬，混合
　　均勻。

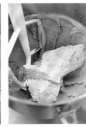

1 …… 2 ……

組合

montage

1　裁切開心果鳩康地蛋糕。將邊緣切掉，再
　　切成4片寬9cm的蛋糕。
2　翻面剝去烘焙紙。
3　將第一片烤面向上放置，均勻抹上135g開
　　心果奶油餡。
4　以抹刀均勻抹平。
5　將第二片鳩康地蛋糕烤面向下重疊，以手
　　輕壓，再塗上135g奶油餡。以相同方式疊
　　完四片。
6　四片重疊的狀態。
7　放上烤盤輕壓，讓鳩康地蛋糕和奶油餡密
　　合並平坦。
8　第四片同樣塗上135g杏仁奶油餡後冷凍。

霜掛開心果

pistaches cristallisées

烤熟的開心果 pistaches grillées　100g
精緻細砂糖 sucre semoule　55g
水 eau　18g

1 將開心果事先放入烤箱，以150℃烘烤10
　分鐘。
2 把精緻細砂糖和水在鍋中混合加熱至
　125℃。
3 熄火後，加入烤好的開心果，沾裹上糖
　漿。
4 糖分會因加熱在堅果表面結晶化（反
　砂）。此狀態仍殘留水分。
5 再繼續加熱至水分充分蒸散，呈現淡焦糖
　色即可。
6 攤平靜置冷卻。

1　2　3

4

5　6

●若在變咖啡色前就熄火，不但無法炒出
香酥的口感，還容易受潮。

●若糖漿加熱溫度過低，成品則會呈現出
潮濕感。

分切　　裁切尺寸：7.9cm x 2.9cm

découpage

1 切除冷凍後的蛋糕體長邊兩端不平整處。
2 分切成一人份。

1 ……………………………………… 2

裝飾

décoration

解凍後在上方排列霜掛開心果。

馬賽茴香酒慕斯

Pastis Marseille

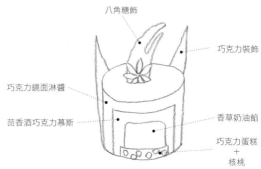

八角糖飾

巧克力裝飾

巧克力鏡面淋醬

香草奶油餡

茴香酒巧克力慕斯

巧克力蛋糕
+
核桃

將茴香酒的大茴香香氣
融入巧克力慕斯中，
共譜一段香草間的協奏曲。

茴香酒

產自馬賽，以八角或甘草等植物增添香氣的香草系利口酒。酒精濃度高達40度至45度。在南法是相當受到歡迎的餐前酒，其特徵在於加水稀釋後，會呈現白色混濁狀。

JELBEI NEUTRE

鏡面果膠的一種。呈現滑順且具光澤的凍狀，加水或加熱會很快溶解，且容易操作為一大特色。

以大茴香製作而成的馬賽茴香酒相當受到法國人的喜愛，有不少人直接加水飲用。當我在朗基多克的一間名為Pâtisserie Bertin實習時，也常和店裡的人們一起飲用茴香酒。每當去酒吧飲酒或被招待享用淡菜時，也一定會出現茴香酒。老實說一開始我並不太敢喝，卻每天與它碰面，久而久之就漸漸地覺得美味了。回到日本後，想依當時的記憶創作甜點時，不斷迴盪在腦海中的便是茴香酒的甘甜香了。

雖然我不知道在法國是否有使用茴香酒製作的點心，但大茴香的香氣和辛辣與巧克力的風味十分契合，再以味道圓潤的香草引領著獨特澀味。一開始曾試著和柑橘搭配，但柑橘香會削弱茴香酒的獨特性而搶走重心，不斷改良作法而誕生了這道獨特的甜點。馬賽茴香酒慕斯給人的第一印象雖然柔和，但茴香酒的香氣會帶來鮮明的餘韻。

以安格斯醬為基底，製作水分較多的巧克力慕斯，再搭配上濃厚且口感蓬鬆的香草奶油餡。香草的香氣在巧克力慕斯消失時，會在口中殘存一道後味。當茴香酒的香氣飄散開時，殘存於口中的香草香氣會如同覆蓋般地包覆大茴香的香氣，與之交融。在此活用凝固劑的差異性製造出在嘴中融化的層次順序，產生味覺上的連鎖反應，這就是多層結構的慕斯值得人玩味之處。

香草奶油餡　直徑40mm x 深 20mm的圓形矽膠模　約15個份
crème à la vanille

奶油（乳脂含量35%）
　　crème fraîche 35% MG　133ml
牛奶 lait　133ml
香草豆 gousse de vanille　0.2 根
蛋黃 jaunes d'œufs　53g
精緻細砂糖 sucre semoule　40g
卡式達粉 poudre à crème　8g
甜點專用果凍粉 gelée dessert　18g
無糖鮮奶油霜（乳脂含量35%）
　　crème fouettée sans sucre 35% MG　53g

1　在調理盆中加入蛋黃攪拌，再加入砂糖、
　　卡式達粉摩擦混拌。
2　在牛奶中加入大溪地香草籽後加熱至沸
　　騰，再少量多次加入1混合。
3　倒回2的鍋中，再次加熱。
4　待稍微開始變濃稠後，加入果凍粉繼續加
　　熱至82℃。
5　過篩。
6　底部浸泡冰水，冷卻至20℃左右。
7　將打至六分發的鮮奶油（無糖鮮奶油霜）
　　和6混合，使其乳化。
8　混合得很漂亮的狀態。
9　擠入矽膠模中，急速冷凍。

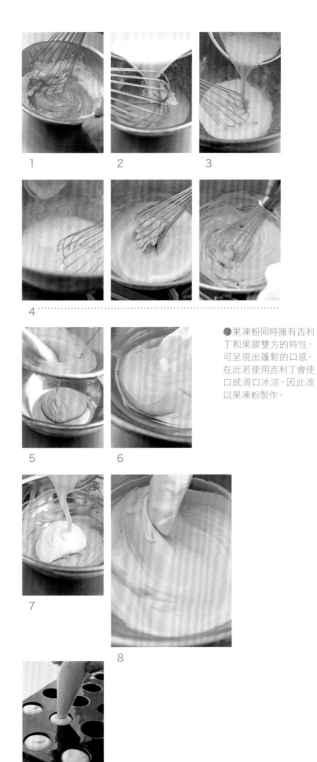

●果凍粉同時擁有吉利
丁和果膠雙方的特性，
可呈現出蓬鬆的口感。
在此若使用吉利丁會使
口感滑口冰涼，因此改
以果凍粉製作。

巧克力蛋糕 400mm x 600mm 烤盤　1 盤份

biscuit au chocolat

黑巧克力（法芙娜 加勒比可可含量 66%）
　couverture noire（Valrhona:pure caraïbe
　66%）　210g
奶油　beurre　115g
蛋黃　jaunes d'œufs　105g
蛋白霜
　蛋白　blancs d'œufs　210g
　精緻細砂糖　sucre semoule　115g
低筋麵粉　farine　18g
高筋麵粉　farine de gruau　18g
＊低筋麵粉和高筋麵粉混合
烘烤過的核桃　noix grillée　90g

1　在巧克力中加入奶油，隔水加熱融化。溫
　　度約為50℃。
2　將打散的蛋黃加入巧克力中，混合均勻。
3　在蛋白中加入少量砂糖並以高速打發。打
　　至七分發時，以少量多次加入砂糖，繼續
　　打發。打發好後降至中速，使泡沫更加細
　　緻，作出堅固的蛋白霜。
4　將3的1／3蛋白霜加入2中混合。
5　把4倒回剩餘蛋白霜之中。
6　加入混合好的麵粉。
7　以刮刀從底部向上翻拌混合，製作出無結
　　塊的麵糊。
8　將7倒入烤盤中。以抹刀抹平麵糊，並將
　　邊緣擦拭乾淨。
9　將核桃約略切碎備用。
10　將核桃撒在8的麵糊中，放入旋風烤箱，
　　以165℃烤約13分鐘。
11　出爐後移至網架上散熱。

●為了增加嚼感混合了低筋
麵粉和高筋麵粉，調整至中
筋麵粉左右的筋度。

●以巧克力取代可可粉，製
作出輕盈濕潤且化口性佳
的蛋糕。

茴香酒巧克力慕斯　直徑 55mm X 高 35mm的慕斯圈　約 24 個份　※非素

mousse au chocolat 'pastis'

牛奶 lait　112ml

鮮奶油（乳脂含量 35%）
　crème fraîche 35% MG　112ml

蛋黃 jaunes d'œufs　76g

精緻細砂糖 sucre semoule　45g

八角（整顆）anis étoilé　11.2g

黑巧克力（法芙娜 純加勒比 可可含量 66%）
　couverture noire（Valrhona:pure caraïbe
　66%）266g

茴香酒 pastis　37g

吉利丁 gélatine　0.7g

無糖鮮奶油霜（P.8）
　crème fouettée sans sucre 35% MG　375g

1 製作安格斯醬。將鮮奶油放入鍋中，加入少量砂糖，可避免牛奶的蛋白質附著於鍋底。

2 將八角一片一片弄碎，加入1的鍋中並煮沸。

3 沸騰後離火，以保鮮膜密封燜5分鐘。將附著於保鮮膜的水滴回鍋中，可保留水蒸氣中的大茴香（八角）香氣。最後瀝乾。

4 擦拌蛋黃和砂糖。加入少量的1拌勻後，再倒回1的鍋中。

5 再次加熱以增加稠度。加熱至79℃後離火（以餘熱升溫至81℃至82℃）。

6 加入吉利丁，攪拌溶解後過篩。

7 將6倒入隔水加熱融化的巧克力中混合。

8 加入茴香酒攪拌。

9 溫度到達28℃時，加入打至六分發的無糖鮮奶油霜。

10 以鮮奶油的氣泡和可可粉的凝固力凝結，在高溫下混合，可防止倒入模中後溢出。

1　2　3

4　5　6

7

● 若酒精濃度高，容易使慕斯分離，因此以比平時混合巧克力的溫度（42℃左右）更低溫，約於28℃混合。

● 純加勒比巧克力鮮明且化口性佳，能突顯可可的存在感。

8

9　10

在巧克力慕斯中放入結凍的香草奶油餡。
多層次結構使慕斯吃起來更有趣味。

組合

montage

1 將巧克力鳩康地蛋糕的烘焙紙剝除，再以直徑45mm的模型壓出形狀，請小心壓切，以避免破裂。

　　＊多餘的蛋糕不要丟棄，可與切碎的西洋梨混合後，填入迷你塔中，再擠上入杏仁奶油餡，製作小點心。

2 將冷凍的香草奶油餡從矽膠模中取出。

3 在鋪有OPP塑膠紙的烤盤上排列慕斯圈，並擠入茴香酒巧克力慕斯。

4 放入冷凍香草奶油餡，向下擠壓巧克力慕斯。

5 以擠壓溢出的巧克力慕斯覆蓋住香草奶油餡。

6 將巧克力蛋糕的烤面朝內覆蓋（顛倒製作）。

7 疊上塑膠片，再放上烤盤輕壓，使蛋糕可緊貼慕斯，並使表面平整。

8 連同塑膠片放入冷凍。

1 2

3　　　　　4　　　　　5

6　　　　　7　　　　　8

巧克力鏡面淋醬　※非素

glaçage

製作前一日準備

　　鮮奶油（乳脂含量35%）
　　　crème fraîche 35% MG　120ml
　　水　eau　120ml
　　水麥芽　glucose　40g
　　精緻細砂糖　sucre semoule　144g
　　可可粉　cacao en poudre　80g
　　吉利丁　gélatine　10g
　　JELBEI NEUTRE　jelbri neutre　100g

1 溶解JELBEI NEUTRE，並煮沸。

2 將鮮奶油、水和水麥芽一起放入鍋中煮沸，再加入充分混合的精緻細砂糖和可可粉攪拌。

3 收乾至BRIX（糖度）62後，熄火加入吉利丁混合，再加入1中混合。

4 過篩並靜置一晚。

1　　　　　2

3　　　　　4

●加入可可粉製作成深色鏡面淋醬。剛煮好時，分子較不穩定，且吉利丁也僅使用了剛好可凝固的份量，因此想在最佳的狀態下使用，請靜置一晚。

最後修飾

1 將冷凍好的蛋糕體放上蛋糕轉檯，一邊旋轉，一邊以噴火槍加熱慕斯圈脫模。
2 將靜置一晚的鏡面淋醬重新加熱至35℃，再澆淋在冷凍的蛋糕本體上。
3 以小抹刀抹去多餘的鏡面淋醬。
4 以竹籤刺入中心，提起本體。
5 回轉本體即可讓底部的鏡面淋醬滴落乾淨。
6 放置裝飾小盤上。

1

2 　　　　　3

4 　　　　5 　　　　6

裝飾

巧克力裝飾 décors en chocolat
將調溫好的巧克力倒在轉印紙上（嘉麗寶3815NV）薄薄地抹開，凝固後以手剝成三角形，貼在本體四周。

糖飾 décors en sucre
溶解巴糖醇後，在矽膠墊上倒入1/2大匙。畫出曲線，在中心放入八角，等待凝固。

聖克萊爾山
Mont St. Clair

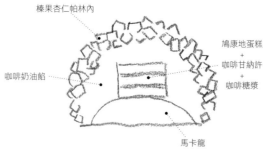

榛果杏仁帕林內

鳩康地蛋糕
+
咖啡甘納許
+
咖啡糖漿

咖啡奶油餡

馬卡龍

以冰淇淋杓製作出
回憶中的法式奶油餡甜點。
這個味道就是我職人生涯的原點。

這道名為聖克萊爾山是本店的同名甜點。作法雖改良至自我實習地點「La risbon」店中的甜點，但名稱與配方都已經與原品大不相同了。以馬卡龍為基底，添加了咖啡風味的奶油霜、鳩康地蛋糕和甘納許夾層。La risbon的甜點真的非常美味，而我也以自己的方式重現了爽脆的口感。然而當時帶給我最大的衝擊莫過於以冰淇淋杓製作甜點，這樣獨特且傳統的作法，讓我了解到奶油霜搭配帕林內，可形成完全不同等級的美味。國外是不是還有許多未知的美味等著我去挖掘呢？美味總能帶給人們無窮想像空間。

當時在La risbon也有著痛苦的回憶。年輕氣盛的我，常偷偷開著店裡的車前往舞廳大秀舞技。就在21歲那年發生了嚴重的車禍。不但車子撞毀，我也身受重傷。當我以為人生就要完蛋時，老闆卻只讓我賠償車子的損失就原諒了我。這些年來，在我心中依然對老闆存著感謝和無盡的歉意。

Mont St. Clair開張後，老闆還曾到店裡來，對我說很感謝我繼承這道甜點。

聖克萊爾山吃起來相當的輕盈。浸漬於糖漿的鳩康地蛋糕體，因不需要奶油的奶香，所以沒有加入融化奶油。在奶油霜中混合了蛋味濃郁且水分較多的安格斯醬，使得奶油的味道變得圓潤。這道甜點對我而言，就是職人生涯的原點。

TRABLIT 咖啡精
法國TRABLIT所生產的濃縮咖啡精，是將咖啡豆煎焙後抽出水分，濃縮五倍所製作而成的精華。雖然添加咖啡味的方式有很多，但奶油霜最能夠充分表現咖啡的苦&香，且能使餘味清爽。

鳩康地蛋糕 600mm x 400mm 烤盤　1 盤份

biscuit joconde

全蛋 œufs entiers　140g
杏仁粉 poudre d'amande　100g
糖粉 sucre glace　100g
蛋白霜 meringue
　│ 蛋白 blancs d'œufs　200g
　│ 精緻細砂糖 sucre semoule　120g
低筋麵粉 farine　90g

1　打散全蛋並將杏仁粉和糖粉混合加入，攪
　　拌均勻。粉類會在底部結塊，請從調理盆
　　的底部翻起麵糊，再次攪拌混合均勻。

2　在另一個調理盆中加入蛋白、少許砂糖，
　　以高速打發，打至七分發時慢慢加入砂
　　糖，再以中速確實打發至可拉出尖角的蛋
　　白霜。

3　在1中加入1／3的蛋白霜輕輕混拌。

4　在混合途中加入低筋麵粉繼續混合。

5　加入剩餘的蛋白霜，以刮刀從底部翻起攪
　　拌。一邊注意不要消泡，一邊充分拌勻。

6　倒入烤盤中抹平，並將邊緣擦拭乾淨。

7　放入烤箱，以190℃烘烤9分30秒。

●鳩康地蛋糕需浸泡糖漿，因此以全蛋
製作，確實烤出有氣孔較大的成品，以
利吸收。雖然只使用蛋黃製作，可作出
化口性佳的成品，但浸泡糖漿容易造成
崩散。通常製作鳩康地蛋糕時會加入奶
油，但若製作需額外添加奶油霜的甜點
時，鳩康地蛋糕則無需加入奶油製作。

1

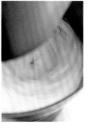
2

3　　　　　　　4

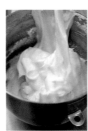

5

6

7

咖啡甘納許
ganache café

咖啡巧克力 café noir（Valrhona） 125g
鮮奶油（乳脂含量35%）
　　crème fraîche 35% MG　125g

加熱鮮奶油，沸騰後加入咖啡巧克力混合均勻。

1　2　3

塗抹甘納許
étaler la ganache

咖啡甘納許 ganache café
　　400mm x 200mm 1層　約125g

1　在鳩康地蛋糕表面塗上咖啡甘納許。
2　將第二片蛋糕烤面朝下重疊，並塗上甘納許，再重疊上第三片。
3　放上烤盤，使其平整之後移入冷凍。

1　2　3

馬卡龍
macarons

蛋白霜 meringue
　蛋白 blancs d'œufs　165g
　精緻細砂糖 sucre semoule　142g
糖粉 sucre glace　120g
杏仁粉 poudre d'amande　60g
榛果粉 poudre de noisette　60g
低筋麵粉 farine　30g

1　在蛋白中加入少許砂糖後以高速打發。打至七分發後降至中速，再慢慢加入剩餘的砂糖。打發成結實的蛋白霜。
2　加入糖粉、杏仁粉、榛果粉和低筋麵粉，一邊注意不要消泡，一邊混合。混合至無粉粒狀後，繼續攪拌。
3　混合完畢。
4　放入擠花袋中，擠出直徑4.5cm的圓形（可放入冰淇淋杓的大小）。
5　放入烤箱，以100℃烤40分鐘，烤至乾燥即可。

1　2　3

4　5

咖啡奶油餡
crème au café

安格斯奶油餡 crème au beurre anglaise 800g
　　義大利蛋白霜 meringue italienne
　　　水 eau 100g
　　　精緻細砂糖 sucre semoule 300g
　　　蛋白 blancs d'œufs 150g
　　奶油 beurre 750g
　　安格斯醬 crème anglaise
　　　牛奶 lait 125g
　　　鮮奶油（乳脂含量35%）
　　　　crème fraîche 35% MG 125g
　　　蛋黃 jaunes d'œufs 187g
　　　精緻細砂糖 sucre semoule 100g
　　Trablit 咖啡精 Trablit extrait de café 28g

1 製作安格斯醬。在銅鍋中倒入牛奶和鮮奶
　油，再加入少許砂糖煮沸。將蛋黃和砂糖摩
　擦混拌，再將加熱的牛奶倒入蛋黃中混合均
　勻。
2 倒回鍋中再次加熱。
3 若溫度超過70℃就會呈現黏稠狀，並留下
　攪拌器攪拌的痕跡。
4 加熱至78℃後熄火，以餘溫加熱至82℃並
　繼續攪拌。
5 過篩後，將調理盆底部浸泡冰水冷卻。
6 製作義大利蛋白霜。將水和砂糖一起煮沸。
　沸騰後開始攪打蛋白。以高速打發蛋白，打
　發後降至中速並慢慢注入加熱至121℃的糖
　漿。糖漿加熱至119℃時即離火，以餘溫繼
　續加熱至121℃。待完成的蛋白霜降溫至
　38℃時，再少量多次加入回復至常溫的奶
　油。
7 奶油霜完成。
8 加入事先冷卻的安格斯醬均勻混合。
9 安格斯奶油餡完成。
10 加入咖啡精混合均勻，以增添咖啡風味。
11 咖啡奶油餡完成。

●事先準備安格
斯醬，放在冰箱中
冷卻備用。

●在義大利蛋白霜中加入溫度
為38℃的奶油。若溫度高於此，
奶油會溶化成液狀，成品就無法
呈現霜狀。

●加入了安格斯醬的奶油霜。為
了能夠直接呈現出蛋和帕林內的
香氣，因此不加入香草。

以冰淇淋杓一個一個謹慎地製作。

榛果杏仁帕林內
praliné amande noisette

烘烤過的帶皮杏仁 amande grillée　200g
烘烤過的剝皮榛果
　　noisettes epluchées grillée　200g
精緻細砂糖 sucre semoule　416g
水 eau　136g

1 將杏仁和榛果約略切碎。以切碎的方式增
　加表面積，可讓糖附著的面積變多。將水
　和砂糖一起加熱至125℃後熄火，再倒入
　堅果裹上糖漿。

2 當堅果表面再度結晶化（反砂）變成白色
　時，即再次加熱。

3 將糖再次融化成焦糖色。待飄出香氣時在
　調理盤上平鋪冷卻。

4 以刀背將冷卻凝固後的帕林內切大塊後再
　切碎。

5 準備網目大小不同的兩層篩網。

6 粗網在上，細網在下重疊，並放上帕林
　內，一邊以手掌移動帕林內，一邊過篩。

7 在上層會殘留粗粒帕林內，粉狀的帕林內
　則會掉落在烘焙紙上。

8 在此使用落在第2層大小平均約為2mm左
　右的顆粒。

●為了讓帕林內的顆粒大小統一，以手切
方式調整是能夠作出漂亮成品的訣竅（以
食物調理機無法製作出大小統一的顆
粒）。雖然多了一道切細的動作，但若省略
不作，會因為細堅果粒而增加帕林內的含
糖量，而導致成品的味道失去層次感。

咖啡糖漿
sirop café

30 度波美糖漿 sirop à 30° B　150g
即溶咖啡 café soluble　9g
熱水 eau bouillante　24g
蘭姆酒 rhum　13g

將即溶咖啡融入熱水中，再與蘭姆酒和糖漿混
合並冷卻。

●30度波美糖漿是以1000g水比1350g
砂糖溶解而成的基礎糖漿。

組合

montage

1 將塗上甘納許的鳩康地蛋糕切成2.2cm的正方形。

2 將1浸漬於咖啡糖漿中。

3 以直徑58mm（14號）冰淇淋杓挖取咖啡奶油餡，再以抹刀將中央挖出凹洞，以調整份量。

4 將2放入3的奶油餡中央。由下方放入，一邊以抹刀壓住蛋糕，一邊翻轉冰淇淋杓。

5 以奶油餡覆蓋蛋糕。

6 放上當成底座的馬卡龍，將觸碰烤盤的面朝外，再輕壓使其密合。

7 在容器中沾上少許果醬，再將5從冰淇淋杓中脫離，放入盤中。

8 以手將大小一致的帕林內毫無間隙覆蓋上即可。

感官花園

Jardin des sens

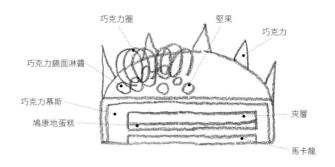

巧克力圈　　　　堅果

巧克力　　巧克力鏡面淋醬

巧克力慕斯

鳩康地蛋糕

夾層

馬卡龍

將備受法國人喜愛的蒙特馬利牛軋糖
變化成巧克力慕斯中的夾層，
製作成極具和風美學的「感官花園」。

　　我將此道精緻且纖細的甜點命名為感官花園Jardin des
sens。製作甜點是需要運用五感的工作，這個名字也蘊含著這
樣的理念。同時也是一道讓我在1997年法國世界大賽中獲得
個人冠軍的代表性甜點。當時非常想要獲得優勝的我，努力思
考著法國人偏好的口味，會認為什麼味道比較好吃呢？會以怎
樣的基準作為評分的依據呢？徹底的了解、調查當地人的喜
好，也是賽前必須研究的課題。

　　蒙特馬利牛軋糖為法國人非常喜愛的小點心之一。是以蜂
蜜和蛋白將杏仁或榛果凝固而成的甜點，堅果的嚼感和牛軋黏
稠的甘美，讓法國人愛不釋口。感官花園將蒙特馬利牛軋糖的
元素放入巧克力慕斯的夾層中，並加入大量的杏仁、開心果、
葡萄乾和糖漬櫻桃。牛軋糖部分則將原本的蛋白替換成炸彈麵
糊。添加了帶有日本冷杉華麗香氣的蜂蜜，在馬卡龍基底也添
加切碎的榛果，增添濃郁的堅果香和豐富的口感。

　　華麗的裝飾也是蛋糕的一大賣點。在此以讓人聯想到蒙特
馬利牛軋糖的堅果和巧克力捲絲作為裝飾，裝飾成法國甜點最
流行的不對稱華麗感，但我捨棄了浮誇的裝飾，特別設計成低
調外型及高雅沉靜的色調，以貫徹和風美學，展現出凜然的
氛圍。這就是屬於我身為日本甜點師傅的個人特色。

甜點專用果凍粉

產自法國的新型凝固劑，可替代吉
利丁使用於慕斯。無需以水還原，
溫度35℃以上就會自然融化；23℃
以下則會凝固。可以直接和其他材
料混合使用，且由於凝固力較弱，
與吉利丁製作出的效果不同，可以
凝固成較輕柔的狀態。

夾層 直徑120mm x 高 20mm 的慕斯圈　14 個份　※非素

intérieur

炸彈麵糊　pâte à bombe
| 日本冷杉樹蜜　miel de sapin　250g
| 蛋黃　aunes d'œufs　113g
| 吉利丁　gélatine　7.8g
烤過的杏仁　amandes grillées　150g
烤過的開心果　pistaches grillées　150g
白酒漬葡萄乾
　raisins secs macéres au vin　45g
　＊將葡萄乾浸泡於白酒一晚
糖漬櫻桃　cerises confites　150g
櫻桃白蘭地　kirsch　38g
無糖鮮奶油霜（P.8）
　crème fouettée sans sucre 35% MG　563g

鳩康地蛋糕（P.38）biscuit joconde
　400mm x 600mm　1 片

1　將杏仁跟開心果分別烘烤後，以刀子切碎保留口感。將糖漬櫻桃和白酒漬葡萄乾切碎後，混合並浸泡於櫻桃白蘭地1小時左右。

2　將蜂蜜加熱至121℃。

3　打散蛋黃。

4　將2慢慢倒入3中攪拌。

5　刮下攪拌時飛散在調理盆四周的麵糊，再次以中速攪拌。加入隔水融化的吉利丁，繼續攪拌（液體溫度38℃左右）。

6　當5降至23℃時，將1瀝乾水分後加入。若炸彈麵糊溫度還很高時，就加入堅果，由於液體過稀，堅果會下沉造成分布不均。

7　和打至六分發的無糖鮮奶油霜混合。無糖鮮奶油需和冷卻狀態的麵糊進行混合。若溫度太高會造成消泡，成品口感也會不佳。

8　混合完畢。由於堅果容易沉在底部，因此入模時須注意。

9　以直徑12cm的慕斯圈將鳩康地蛋糕切出形狀，並將8由上方倒入。

10　抹平成和慕斯圈相同高度後，急速冷凍。

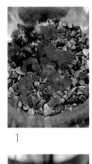

1　　　　2

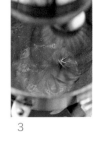

3　　　　　　5

4

6 ....　　7

8　　　　9

●鳩康地蛋糕的作法和P.38的「酸起司蛋糕」相同。是不加入融化奶油的類型。出爐的成品保有氣泡且蓬鬆。

10

●以櫻桃白蘭地稍微醃漬，會因為酒精在口中的爽快感，使得堅果的濃郁感不會殘留於口中。

馬卡龍 直徑 150cm 的慕斯圈　14 個份

macarons

蛋白霜 meringue
　│　蛋白 blancs d'œufs　330g
　│　精緻細砂糖 sucre semoule　285g
糖粉 sucre glace　240g
杏仁粉 poudre d'amande　120g
帶皮榛果粉 poudre de noisettes　120g
低筋麵粉 farine　60g
烤過的榛果 noisettes grillées　105g

1　將去皮的榛果放入烤箱，以160℃烘烤20
　　分鐘後，切碎。
2　製作馬卡龍麵糊。在蛋白中慢慢加入砂糖
　　打發成堅挺的蛋白霜。
3　將糖粉、杏仁粉、榛果粉和低筋麵粉加入
　　2中混合。
4　加入1的切碎榛果，將整體攪拌均勻。
5　倒入擠花袋中，以較大的花嘴貼著烤盤擠
　　成凹凸較少的平整麵糊。在此使用15號圓
　　形擠花嘴（直徑15mm）。
6　擠成比慕斯圈小一圈。
7　放入烤箱，以130℃烘烤約2小時，烤至
　　乾燥。

1

2

3

4

5

6

7

巧克力慕斯　直徑 150mm x 高 35 的慕斯圈　14 個份
mousse au chocolat

炸彈麵糊　pâte à bombe
 蛋黃　jaunes d'œufs　293g
 30 度波美糖漿　sirop à 30° B　260g
黑巧克力（法芙娜 孟加里）couverture noire
 （Valrhona:Manjari 64%）　780g
無糖鮮奶油霜（乳脂含量 35%）
 crème fouettée sans sucre 35% MG　1460g

1 製作炸彈麵糊。在銅鍋中打散蛋黃，加入
 30度波美糖漿加熱至80℃。呈現濃稠狀且
 快要接近乳霜狀時，移至調理盆中。
2 將1以攪拌機繼續打發。
3 將打至六分發的無糖鮮奶油霜1／3加入隔
 溫水融化的黑巧克力（45℃）中，攪拌至
 滑順狀態。
4 在3中加入炸彈麵糊，並混合均勻。
5 在4中加入剩餘的無糖鮮奶油霜混合。
6 柔滑輕盈的巧克力慕斯完成。最後進行組
 合。

1　　　　2

3

4

●這個慕斯使用了加熱的炸彈麵糊。
糖漿和蛋黃加熱至80℃，藉由蒸散水
分引出蛋黃的風味，且能達到殺菌效
果。巧克力則加熱到45℃，和鮮奶油混
合後，再加入炸彈麵糊。若直接加入
炸彈麵糊，在卵磷脂和巧克力交互作
用下，會極速收縮，因此必須按照順
序，從鮮奶油開始混合。

5

6

組合　直徑 150mm x 高 35mm 的慕斯圈　14 個份

montage

1 在馬卡龍基底上塗抹巧克力

黑巧克力（嘉麗寶 3815NV 可可含量 58.2%）
couverture noire（Callebaut：3815NV 58.2%）
可可脂 beurre de cacao

1 巧克力與可可脂的比例為2：1的份量進行
　混合，並隔水加熱融化。
2 在馬卡龍的兩面塗上1。
　　　　●可防止在冷凍時受潮或結霜，目的
　　　　在維持馬卡龍的口感。若大量製作
　　　　時，可使用噴槍噴塗。

1　　　　　2 ················

2 擠入慕斯

1 以噴火槍加熱冷凍夾層的慕斯圈，即可漂亮
　脫模。
2 將15cm的慕斯圈放於塑膠片上，填入巧克
　力慕斯。為了避免氣泡進入，請以湯匙穿入
　側邊。一開始擠入一模約九分滿，並使中央
　凹陷。
3 鳩康地蛋糕體朝上，並將1放入慕斯中。避
　免跑入空氣，請緩慢且毫無間隙地放入。
4 將剩餘10%慕斯塗抹在上方，抹平。
5 最後從上方覆蓋馬卡龍後壓緊。因為是以顛
　倒的順序製作，因此和烤盤接觸的底部最後
　會成為最上方。完成後放入冷凍。

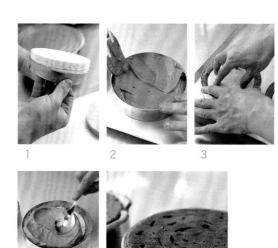

1　　　　　2　　　　　3

4

5

裝飾的準備

préparation de décors

黑巧克力（嘉麗寶 3815NV）
　couverture noire（Callebaut：3815NV）

1 在轉印紙上抹開已調溫的巧克力，並以鋸齒
　刮板將巧克力劃出細紋。捲在紙筒等物品上
　作成圈狀。
2 將已調溫巧克力抹在塑膠片上備用，製作裝
　飾周圍的三角形巧克力片。

1　　　　　2

宛如蒙特馬利牛軋糖般的堅果層就隱藏在巧克力慕斯之中。

收尾

巧克力鏡面淋醬（P136）glaçage
＊前一天準備好

1 將巧克力鏡面淋醬加溫至35℃後，澆淋在
  冷凍的蛋糕本體上。
2 從上方大量淋下，待擴散至直徑左右的
  量，就以湯勺的背面輕輕抹開。
3 使以抹刀抹平表面。
4 輕敲網架，使多餘鏡面淋醬滴落。
5 呈現出鏡面般均勻的光澤即可。

1

2

3

4

5

裝飾

1 將抹成薄片的巧克力以手剝成三角形，並
  貼附於蛋糕側面。
2 裝飾上烘烤過的堅果。
3 放上捲成圈狀的巧克力。

1

2

3

甜點人生

C'est la vie

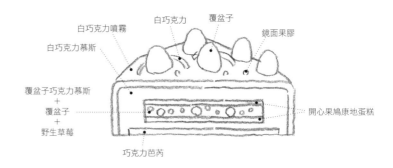

白巧克力噴霧
白巧克力
覆盆子
鏡面果膠
白巧克力慕斯
覆盆子巧克力慕斯
＋
覆盆子
＋
野生草莓
開心果鳩康地蛋糕
巧克力芭芮

添加了開心果鳩康地蛋糕和覆盆子
再大膽地搭配上純白巧克力慕斯，
組合成這道充滿驚喜的原創甜點。

人們時常思考自己的人生，卻習慣墨守成規，難以大膽開拓。1996年當時28歲的我參加了SOPEXA（日本食品推廣協會）所舉辦的法國食材專業級甜點比賽。當時我想以史上最年輕日本代表的身分獲得隔年世界大賽的比賽資格。為了贏得比賽，我以歷屆冠軍從未使用過的白巧克力作為主軸。但若直接使用白巧克力，只能呈現出甘甜的奶味。為了讓味道更加鮮明，在增添酸味和鮮味的同時，還加入了堅果的澀味。我將深烘焙的開心果泥融入鳩康地蛋糕，烤出了衝突卻又很有特色的蛋糕體。在這樣大膽的蛋糕體中，夾入以酸味為特色的孟加里巧克力慕斯，再以覆盆子、野生草莓的果肉作點綴。

巧克力慕斯中加入覆盆子，以果酸作提味。基底蛋糕則添加了牛奶巧克力芭芮脆片及兩種帕林內，黏稠的口感融合堅果香氣，呈現出不輸給白巧克力奶味的濃郁感。將堅果的澀味轉為香甜味的創意剛好與法式料理醬汁加入澀水製作的想法相同。

在比賽中也製作了小蛋糕。在小小的六角形上裝飾一顆覆盆子，是一款會讓人聯想到日本國旗的設計，而形狀是代表法國當地的六角形。「一位熱愛法式甜點的日本甜點師傅」——這就是我的人生。

覆盆子酒
覆盆子的蒸餾酒。甜度較低，擁有稍縱即逝的迷人清香。和櫻桃蒸餾酒的櫻桃白蘭地相同，藉由強烈酒精清除油脂的餘味，使甜點更加容易入口。

開心果鳩康地蛋糕 400mm x 600mm 烤盤 1 盤份

biscuit joconde pistache

全蛋 œufs 180g

精緻細砂糖 sucre semoule 72g

轉化糖液 sucre inverti liquide 9 g

開心果泥 pâte de pistache 81g

杏仁粉 poudre d'amande 72g

低筋麵粉 farine 15g

高筋麵粉 farine de gruau 20g

＊將杏仁粉、低筋麵粉、高筋麵粉混合。

蛋白 blancs d'œufs 108g

精緻細砂糖 sucre semoule 45g

奶油 beurre 27g

1 將全蛋和細砂糖摩擦攪拌。再加入轉化糖液和開心果泥。

2 一邊隔水加熱至肌膚溫度，一邊以手持攪拌器攪拌。

3 移至攪拌機中，持續拌入空氣。

4 在蛋白中加入少許細砂糖開始打發。打發後加入剩餘精緻細砂糖，再確實打發成挺立的蛋白霜。

5 3的麵糊充分攪拌的狀態。

6 將1／3的蛋白霜加入5的開心果麵糊中混合。

7 將杏仁粉和麵粉混合，加入6中攪拌均勻。

8 加入剩餘蛋白霜混合，並請小心不要消泡。

9 當8尚殘留蛋白霜的白色時，在融化奶油中加入一部分麵糊混合後，再倒回8中。

10 攪拌成滑順細緻的麵糊。

11 在烤盤中抹開，放入旋風烤箱，以200℃烘烤5至6分鐘。

12 出爐！

●我使用BABBI公司所生產的深烘焙款開心果泥。

●蛋糕加入了融化奶油和轉化糖，濕潤的口感可增強和慕斯的一體感，且可緩和開心果的堅果澀味。

覆盆子巧克力慕斯 300mm × 400mm 長方圈 1 個份

mousse au chocolat framboise

鮮奶油（乳脂含量 35%）
　crème fraiche 35% MG　75g
覆盆子果泥（無糖）
　purée de framboise（non-sucre）　103g
奶油　beurre　19g
蛋黃　jaunes d'œufs　38g
精緻細砂糖　sucre semoule　46g
黑巧克力（法关娜孟加里）
　couverture chocolat noir 64%　187g
覆盆子酒　eau-de-vie framboise　56g
無糖鮮奶油霜（乳脂含量 35%）
　crème fouettée 35% MG　375g

1　摩擦混拌蛋黃和精緻細砂糖。
2　隔水加熱融化黑巧克力。
3　在鍋中加入鮮奶油、奶油、覆盆子果泥混
　　合後加熱溶解。
4　將3和1混合。
5　將4倒回鍋中，再次加熱。
6　加熱至78℃煮至濃稠狀後離火，再以餘溫
　　升溫至82℃。
7　一邊過篩6，一邊加入2的巧克力中，攪拌
　　均勻。
8　加入覆盆子酒，繼續攪拌。
9　與打發的鮮奶油混合均勻。

●是一款以帶有覆盆子味的鮮奶油
製作而成的安格斯醬。其中可學習
到加入巧克力的技巧。雖然是味道
較為複雜的慕斯，但因水分較多而
保有濕潤不膩的口感。

組合夾層 300mm x 400mm 長方圈 1 個份
montage

覆盆子（碎粒／冷凍）
　　debris de framboises congelées　250g
野生草莓（冷凍）fraise des bois congelées　200g

1 輕輕地剝除開心果鳩康地蛋糕的烘焙紙。蛋糕呈現出漂亮的開心果綠色。

2 切除不平整的邊緣，並將蛋糕切成長方圈大小共2片。烤面朝上，其中一片放在圈中。

3 在2的鳩康地蛋糕上倒入一半的覆盆子巧克力慕斯，再以抹刀抹平。

4 鋪入覆盆子，再從上方撒下約略切粗碎的野生草莓。

5 以抹刀將覆盆子和野生草莓輕輕壓入慕斯中，使表面平整。

6 上方抹上剩餘慕斯。

7 將第二片鳩康地蛋糕烤面朝下重疊，並以手輕壓密合。為了使邊緣不要翹起，請以抹刀確實壓平，最後放入冷凍。

●野生草莓香氣怡人，柔軟中帶酸味。但由於容易壓爛，請以冷凍狀態抖落多餘種子後，切粗碎撒上。覆盆子則使用了比整顆更便宜且容易鋪撒整面的覆盆子碎粒產品。

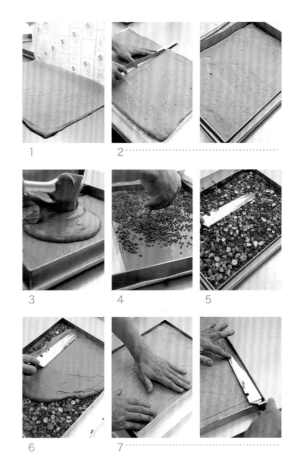

巧克力芭芮 600mm x 400mm 0.6 片份
feuilletine chocolat

牛奶巧克力（法芙娜吉瓦納）
　　couverture au lait（Valrhona:Jivara lactée）　75g
榛果帕林內醬 praliné noisette　105g
杏仁帕林內醬 praliné amande　75g
芭芮脆片 feuilletine　150g

1 將牛奶巧克力和兩種帕林內醬混合隔水加熱融化，和芭芮脆片拌勻後在OPP塑膠紙上抹開。

2 夾在兩片OPP塑膠紙之間，以擀麵棍擀成3mm厚。

3 冷卻凝固後，以14號切模（直徑12cm）切出形狀。

在覆盆子粒上撒滿野生草莓。「這就是人生」
是一道加法的甜點。

白巧克力慕斯　容易製作的份量　※非素

mousse au chocolat blanc

蛋黃　jaunes d'œufs　75g
精緻細砂糖　sucre semoul　27g
牛奶　lait　188g
吉利丁　gélatine　6.9g
白巧克力
　couverture blanc（Weiss:Nevea 29%）　188g
無糖鮮奶油霜（乳脂含量 35%）
　crème fouettée sans sucre 35% MG　450g

1　製作安格斯醬。在牛奶中加入一撮鹽並煮沸。將蛋黃打散，加入精緻細砂糖摩擦混拌，再倒入1／2煮沸的牛奶。
2　倒回鍋中，加熱至78℃，熄火後以餘溫升溫至82℃。
3　溫度到達82℃後，放入吉利丁混拌溶解。
4　過篩。
5　將4中過篩的安格斯醬倒入切碎的白巧克力中，以安格斯醬的熱度溶解白巧克力。
6　盆底浸泡冰水，降溫至28℃。
7　加入一半打至六分發的無糖鮮奶油霜，立起刮刀混拌，請注意不要消泡。
8　加入剩餘的無糖鮮奶油霜混合。
9　混合完畢的狀態。

●步驟6的這道工序相當重要。需降溫至28℃後再與無糖鮮奶油霜混合。在白巧克力從液體快要凝結成固體的溫度下和冰涼的無糖鮮奶油霜混合，在這個過程中很快就會凝固。若溫度過高，會導致鮮奶油消泡，溫度過低，白巧克力就會先凝固而使化口性變差。

1　　2

3　　4

5　　6

7　　8

9

組合
montage

1 以12號模圈（直徑10.5cm）壓住夾層，再以刀子切出形狀。
2 準備好以相同模圈壓切的巧克力芭芮。
3 在六角形慕斯圈中，倒入一半白巧克力慕斯。
4 將夾層從中心壓入。
5 以刮板將擠壓上來的慕斯抹開，覆蓋夾層。
6 放上巧克力芭芮，輕壓使其密合。放入冷凍。

最後修飾
finition

巧克力噴霧 chocolat pulvérisé
　白巧克力（不二製油 Elish blanc）
　　couverture blanc（Fuji Seiyu:Elish
　　blanc） 300g
　可可脂 beurre de cacao　200g
覆盆子 framboises

1 將巧克力噴霧的材料隔水加熱融化，以噴霧器對著已冷凍的蛋糕進行噴霧。
2 將已調溫的白巧克力薄薄地抹開，再以刀子切成細條狀，輕輕地作成圓形並等待凝固，最後裝飾在蛋糕上。
3 以覆盆子點綴。撒上防潮糖粉後再放上覆盆子，作成令人眼睛為之一亮的裝飾。最後擠上鏡面果膠顆粒即完成。

1　　　　2　　　　3

糖雕
Sucre

　　以下簡單介紹用來擺飾蛋糕的糖雕。製作能使純白蛋糕懸浮在空中的厚重糖雕，須具備基本的色彩搭配美學。我的原則是以色彩搭配讓整個作品栩栩如生。色彩或造型的靈感來自於繪畫、雕刻、櫥窗擺飾或時尚等，多方接觸能激發自己的想像力。我經常去海邊，遙望海水的波光粼粼，一望無際的寬廣世界觀，每每暢遊於其中的動態之美，令人聯想起了糖雕。我認為24小時都在思考甜點是一種作甜點態度，這是一份沒有熱情就無法持續的工作。

　　糖雕的手法分為流糖、吹糖和拉糖。為了能夠讓染色鮮明，因此流糖使用了巴糖醇。吹糖的色彩則以重疊兩、三層的方式製作出複雜且宛如硫化銀般的質感。拉糖是將已凝固的糖一口氣拉伸，呈現出均勻的光澤。我利用這樣的光澤製作玫瑰。緞帶則作成充滿了存在感的直條紋。製作時糖的溫度不均就無法完成。因此能夠將高溫且凝固的糖自由塑型，對甜點師傅而言需要力量，且能盡情地表現自我。

使用巴糖醇或是巴拉金糖（palatinose）

由砂糖所製作成的還元糖。吸濕性低，不黏稠。其特色是透明度高，即使高溫也不易呈現焦糖色，相當適合糖雕。融化後可立即使用，操作性也很好。

1　　　　2　　　　3

4　　　　5　　　　6

7 ⋯⋯⋯⋯⋯⋯⋯⋯⋯⋯⋯⋯⋯⋯⋯⋯

流糖

巴糖醇（代糖）Isomalt (substitut du sucre)　1kg
水　eau　300g
水麥芽　glucose　300g
黑色色素　colorant noir
二氧化鈦　dioxyde de titane
　　＊以矽膠模、慕斯圈當成模具使用。
　　＊流糖的量較多，因此使用色粉製作。

1　將巴糖醇、水、水麥芽放入鍋中加熱混合。沸騰後加入以水溶解的黑色色粉，並混合均勻。
2　加入以水調合的鈦粉。若只使用色粉，糖會呈現透明狀，加入鈦粉可以增添乳白色光澤，使糖變成半透明。
3　加熱至170℃。
4　倒入模中。前30分鐘使其流動，後30分鐘則靜置至完全冷卻。
6　表面若產生氣泡，趁著糖還溫熱時以噴火槍加熱消除氣泡。每個部分皆以相同方式進行。
7　使用慕斯圈製作放置蛋糕的圓檯。請事先將慕斯圈塗上油脂。
8　將球狀部分倒入專用模具中。混合紅色和金色，再加入少許藍黑色調合，可與藍黑色的平檯相互協調。

8 ⋯⋯⋯⋯⋯⋯⋯⋯⋯⋯⋯⋯⋯⋯⋯⋯

製作基底糖

精緻細砂糖 sucre semoule　1kg
水 eau　300g
水麥芽 glucose　300g
塔塔粉 crème de tartr　少量

糖依據用途區分：流糖和吹糖使用巴糖醇；延展成形的拉糖使用精緻細砂糖。使用精緻細砂糖時，和水、水麥芽和塔塔粉（防止再次結晶）一起混合加熱至170℃。精緻細砂糖製作時會產生泡沫，請時時撈除。趁熱倒在烘焙墊上。

製作基底糖

1

2

3

上色

色素（酒精性）colorant　各色

若要將少量糖染色，可直接將酒精性色素加入糖中，再從上方澆淋熱糖漿，使酒精揮發。

上色

1

2

包入空氣提升透明度

將分成圓形的糖塊從外側開始搓圓，重複摺疊的動作一邊扭轉，一邊拉伸，使其飽含空氣。出現光澤後，即搓圓並壓出空氣。

包入空氣提高透明度

1

2

● 較厚且粗糙的橡膠手套雖然防滑，但製作不出光澤。待稍微降溫後，請換成薄的塑膠手套進行製作。

重疊以調整顏色

以市售色素上色的糖，不直接使用單色，而是將糖和糖重疊呈現出有深度的顏色。

重疊並調整顏色

1

2

以燈光保溫
為了不使糖冷卻硬化，可放置在專用保溫燈下，一邊為糖保溫，一邊進行製作。

以乾燥劑防潮
將各部位放入附有乾燥劑的密閉容器，防潮保存。

膨脹（吹氣）

將糖雕專用泵浦的吹嘴加熱，再放入作成束口袋狀、厚度平均的糖開口後，密合開口。一邊以風扇吹拂，一邊充氣成球狀，降溫後將接點處進行加熱，再以剪刀剪開。

1　　　　2　　　　3

扭轉延伸

樹枝部分則是將糖一邊轉緊，一邊拉伸成棒狀，再以剪刀剪下較細的部分。趁熱將兩枝疊合並彎摺出曲線，表現出樹枝的樣貌。

1　　　　2　　　　3

壓出形狀

以紫、紅、綠為1：1：2的比例與糖混合製作樹葉。將摺疊的部分拉伸並切出葉片狀，再夾入模型中。最後調整形狀作出自然的曲線。

1　　　　2　　　　3

拉伸裁切

玫瑰花瓣是以紅色中加入少許黑色的糖揉合摺疊而成。再從山線處薄薄地拉出花瓣的大小後切下。彎摺邊緣、整理形狀，製作出數片大小不一的花瓣。

1　　　　2　　　　3

組合

將花芯直立地黏貼在底座上，花瓣以酒精燈加熱，一片一片層疊在花芯周圍，組合成一朵美麗的紅玫瑰。

1　　　　2　　　　3

拉伸（緞帶）

緞帶部分請準備三種顏色。將紫色、綠色、紅色的混合後拉出光澤。黑色的部分不太需要拉伸，製作出不透明的黑色。一邊對齊成直條紋，一邊摺疊延展（圖2至4），以加熱過的刀子將拉得較薄的中間部分切下約30cm（圖6）。

1

2

3

4

5

6

塑型

以燈光加熱，將直條紋薄片慢慢彎摺成羽毛狀（圖1至2）。兩端較厚的部分則摺疊成階梯狀或曲線，以裝飾外側。

1

2

3

製作底座

組合流糖製作底座。表面以噴火槍加熱融化後黏合。若平衡不佳可能會倒塌，因此請先充分思考構圖後，再開始進行。

1

2

3

組合

在作為主幹的流糖上，依照緞帶（圖1）、圓球（圖2）、樹枝、葉片和玫瑰（圖3）的順序重疊組合。並放置在蛋糕檯噴撒金箔噴霧作為裝飾。

1

2

3

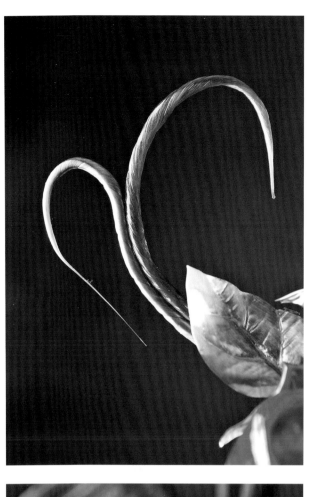

烘焙 良品 60

東京自由が丘
Mont St. Clairの甜點典藏食譜（暢銷版）

作　　　者／辻口博啓
譯　　　者／周欣芃
發　行　人／詹慶和
選　書　人／Eliza Elegant Zeal
執 行 編 輯／李佳穎・陳姿伶
編　　　輯／蔡毓玲・劉蕙寧・黃璟安
封 面 設 計／韓欣恬
美 術 編 輯／陳麗娜・周盈汝
內 頁 排 版／鯨魚工作室
出　版　者／良品文化館
郵政劃撥帳號／18225950
戶　　　名／雅書堂文化事業有限公司
地　　　址／220新北市板橋區板新路206號3樓
電 子 信 箱／elegant.books@msa.hinet.net
電　　　話／(02)8952-4078
傳　　　真／(02)8952-4084

2016年10月初版一刷
2021年1月二版一刷　定價 680元

KAROYAKASANO HIMITSU
©HIRONOBU TSUJIGUCHI 2013
Originally published in Japan in 2013 bySHIBATA
PUBLISHING CO. LTD.
All rights reserved. No part of this book may be reproduced in any
Form without the written permission of the publisher.
Chinese translation rights arranged with SHIBATA PUBLISHING
CO. LTD., Tokyo through TOHAN CORPORATION, TOKYO.
And Keio Cultural Enterprise Co., Ltd

經　　　銷／易可數位行銷股份有限公司
地　　　址／新北市新店區寶橋路235巷6弄3號5樓
電　　　話／(02)8911-0825
傳　　　真／(02)8911-0801

作者介紹

辻口博啓

1967年出生於石川縣。以世界盃甜點大賽為首，在國際級比賽中代表日本參賽，獲獎無數。開設洋菓子名店Mont St. Clair（東京 自由之丘），並創立多樣性的概念品牌。擔任「SUPER SWEETS SCHOOL自由之丘校」及專門培育後輩的「SUPER SWEETS SCHOOL製菓專門學校」（石川縣）兩間甜點教室的校長。同時也是一般社團法人日本甜點協會代表理事、金澤大學兼任講師及產業能率大學客座研究員。

staff

甜點製作助手／橫田康子（スーパースイーツ）
法 語 監 修／福永淑子
攝　　　影／大山裕平
編　　　輯／淺井裕子
設　　　計／田島弘行

國家圖書館出版品預行編目(CIP)資料

東京自由が丘Mont St. Clairの甜點典藏食譜 / 辻口博啓著；周欣芃譯.
　-- 二版. -- 新北市：良品文化館, 2021.1
　面；　公分. -- (烘焙良品；60)
ISBN 978-986-7627-32-2(精裝)

1.點心食譜

427.16　　　　　　　　　　　　　109020592